# 装修一本通

主　编　王泳丁

中国矿业大学出版社

**图书在版编目(CIP)数据**

装修一本通 / 王泳丁主编. — 徐州：中国矿业大
学出版社，2018.5

ISBN 978 - 7 - 5646 - 3754 - 5

Ⅰ.①装… Ⅱ.①王… Ⅲ.①住宅—室内装修—基本
知识 Ⅳ.①TU767

中国版本图书馆 CIP 数据核字(2017)第 270965 号

| | |
|---|---|
| 书　　名 | 装修一本通 |
| 主　　编 | 王泳丁 |
| 责任编辑 | 满建康 |
| 出版发行 | 中国矿业大学出版社有限责任公司 |
| | （江苏省徐州市解放南路　邮编 221008） |
| 营销热线 | (0516)83885307　83884995 |
| 出版服务 | (0516)83885767　83884920 |
| 网　　址 | http://www.cumtp.com　**E-mail**：cumtpvip@cumtp.com |
| 印　　刷 | 江苏淮阴新华印刷厂 |
| 开　　本 | 787×1092　1/16　**印张** 8.25　**字数** 153 千字 |
| 版次印次 | 2018 年 5 月第 1 版　2018 年 5 月第 1 次印刷 |
| 定　　价 | 38.60 元 |

# 参与编写人员名单（排名不分先后）

章静　潘擎　刘欢欢　沈威　张金良　吴伟　许小梅　刘轲　张陶陶　马修良

马明　吴昱磊　陈海涛　李一凡　彭富全　韩瑞景　王德水　郭爱芝　李士靖　孟凡利

邵琦　盖保民　李丽　吴蒙　韩雨露　马国栋　王立鹏　梁双娜　刘丽　朱春玉

赖鸿儒　李平静　徐伟　王翔宇　李祥　蔡培友　高翔　刘艳亮　赵立霞

张可　唐云侠　孙玲　董文斌　刘祥海　董辉　王桂华　赵超　孙超

冯斌　朱静　许苗　吕光　饶伟　张帅　王超　李梅　张博

# 前　言

　　能为装修的业主们编写一本简单实用的家庭装修工具书一直是我多年来的一个愿望。

　　从事媒体工作时，就经常听到一些朋友感叹："购房装修，刚装完就要修！"在感叹的同时，不免悔恨当初，在房屋装修之前了解一些家装知识是非常有必要的。

　　现在市场上家居装饰材料品牌众多，装修公司专业水平参差不齐，建材家具质量鱼目混珠，稍有不慎就将跌入选择失误的陷阱，不仅增加装修开支，而且可能购买到劣质物品，导致后期出现质量问题，甚至影响居住者的身体健康。

　　因此，掌握一定的装修专业知识非常必要，明白其中的门道，这样才能买到适合自己的优质家装建材，选择合适的家装公司、经销商和装修公司。

　　本书介绍了50多个类别的家居建材选购知识和日常注意事项，也融入了大量业主的装修经验和心得体会。同时，应装修业主的要求，我们专门创建了徐州装修业主交流群和徐州半包业主交流群，方便业主进行家装交流和一站式集体采购；筛选出一些在徐州家装市场上老业主们比较满意的品牌供装修业主进行选择和对比，以帮助业主在装修时少走弯路，达到省心、省时、省事、省钱的目的。

　　装修应当是一件快乐的事情，希望业主朋友们读完本书，能够带给您帮助和轻松的心情。

　　由于作者水平有限和时间仓促，部分内容还不够细致和实用，不妥之处在所难免，敬请读者批评指正。

王泳丁

2017 年 9 月

# 目　　录

## 第四章　硬装篇——厨房, 卫生间 ………………………………… 48

## 第五章　硬装篇——客厅, 餐厅, 卧室 ………………………… 72

# 第一章　验　房

## 1. 新房的验收

开发商将房屋交付业主以后，很多业主都不知道如何验收，也有一些业主认为质检站已经验收过，再验收多此一举。其实，在很多情况下，业主在签字前发现问题，可以追究开发商的责任。

房屋交付使用后最好能亲自验收，验收时要带上水桶、小锤、卷尺、计算器、笔等工具，一般物业处也会提供这些工具。

验房前，先到物业处查看资料，包括"建设工程质量认定证书"、"住宅质量保证书"、"住宅使用说明书"、"竣工验收备案表"、面积实测表、管线分布竣工图等，确认结构和原设计图相同，房屋面积与合同面积误差不超过 3％。

作为业主，如何验收房子呢？当然，下面所列的项目，对于验收任何类型的房子都是有用的，包括验收商用办公室和别墅。

（1）看墙壁

看墙壁是房屋验收的首要问题。作者看过情况最严重的一栋房子，窗户在雨天有渗水现象，甚至整栋楼所有窗户下面的墙壁都渗水，一旦遇上暴雨，令人担忧。因此，验收新房，最好是在房屋交付前，下过大雨的第二天前往验收，这时候墙壁如果有问题，几乎是无可遁形的。

墙壁除了渗水外，还有一个问题，就是墙壁是否有裂纹。有一位业主曾反映过他家的墙壁有一个门形的裂缝，后来追问开发商，才知道原来是施工时留下的升降梯运货口，后来封补时马虎处理以致留下后患。

（2）验水电

首先是验一下房屋的水电是否通了。对于一些装修来说，因为多数的水电后期都是要更换的，所以有时候这些内容倒不是那么关键，但如果不打算更换水电的话，那么就必须认真验收了。验电线，除了看是否通电外，主要是看电线质量是否符合国家标准，还要看电线的截面面积是否符合要求。一般来说，家里的电线不应低于 2.5 平方毫米（装修中简称"平方"），空调线应达到 4 平方，否则使用空调时，电线容易过热变软。当然，这是一种理想的配置，多数土建的电线会差一个等级。

（3）验防水

这里所说的防水,指的是卫生间的防水。目前交付的房屋,有一些事先已经声明没有做防水工程,这就需要装修时再施工。如果在交付时已经做了防水,那么必须对防水是否做好进行验证。如果在装修前不验收好,那么在装修好后再发现漏水,维护工程量就很大,需要拆除已经装修好的地面来重做一层新的防水层。验收防水的方法是:用水泥沙浆做一个槛堵住厨卫的门口,再拿一胶袋罩着排污水口,加以捆实,然后在厨卫放水,约高 2 cm 深。然后约好楼下的业主在 24 h 后查看其卫生间的天花板。主要的漏水位置是:楼板处直接渗漏;管道与地板的接触处。

（4）验管道

这里所说的管道,指的是排水和排污管道,尤其是阳台处的排污口。验收时,预先拿一个盛水的器具,然后将水倒进排水口,看水能否顺利流走。为什么要验收管道呢?因为在工程施工时,有一些工人在清洁时往往会把一些水泥渣倒进排水管,如果这些水泥较黏的话,就会在弯头处堵塞,造成排水困难。

还有一种情况,就是看看排污管是否有蓄水防臭弯头。排污管的这种弯头会蓄水,这样来自下层管道的臭气就会被阻挡在这层之下。而没有弯头的话,洗衣间和卫生间的排水口就可能散发一种异味。也许会有建筑商认为用防臭地漏就行了,工程实践证明,防臭地漏远远不能满足人们的实际需要。而正是这种细节部分往往最能体现建筑商的施工质量。

（5）验地平

验收地平对于普遍用户是有一定难度的。验地平就是测量一下离门口最远的室内地面与门口内地面的水平误差。验地平很多时候也能体现建筑商的建筑质量。业主不可能去验收主体结构,那么只能从这些细节来看质量了。测量的方法是:用一条小的透明水管,长度约为 20 m,注满水。先在门口离地面0.5 m 或 1 m 处画一个标志。然后把水管的水位调至这个标志高度,并找个人固定在这个位置。再把水管的另一端移至离门口最远处的室内,看水管在该处的高度,再做一个标志。最后用直尺测量一下这个标志的离地高度。这个高度差就是房屋的水平高差。也可以采用这种办法,测量出全屋的水平高差。

一般来说,如果差异在 2 cm 左右是正常的,3 cm 是可以接受的范围内的。如果超出这个范围,装修时需要特别注意。以上工作有点烦琐,如果用激光扫平仪,这个问题就很好地解决了。

（6）验层高

如果合同有层高的条款,那么应该测量一下楼宇的层高。方法很简单,将尺子顺着其中两堵墙的阴角测量（这是最方便放置长尺而不变弯的办法），且应该测量户内的多处地方。一般来说，2.65 m 左右是可接受的范围，如果房屋低于 2.6 m，将使人有压抑感。

（7）验门窗

这里尤其以验收窗户为主。验收的关键一点是验收窗户和阳台门的密封性。窗户的密封性验收最关键的一点是，只有在大雨后方能试出好坏。但一般可以通过查看密封胶条是否完整牢固来证实。阳台门一般要看阳台门的内外水平高差。如果阳台的水平与室内的水平是一样的，有可能出现雨水渗入的问题。

（8）其他项目

除了上述的项目外，其他的验收项目需要比较专业的人员。

**2. 二手房的验收**

目前，二手房地产市场也是非常活跃的，很多人都会购买二手房作为置业或投资方式。当业主去看二手房屋时，也应该验房。

除了可以参考新房的验收办法外，由于二手房多数已经装修过，有一些特征不太容易按照新房的验收方法来进行。下面提供一些二手房的验收方法：

（1）看墙壁

一般来说，如果二手房没有经过临时粉刷，那么墙壁有渗水的话，会有泛黄或者乳胶漆"流涕"的迹象。如果房主在转手房屋前做了粉刷也是比较容易看出来的，这种粉刷往往比较马虎，从刷痕中也可以隐约看出一些迹象来。房主在转手房子前如果对墙壁进行全体的装修，成本相对较高。

（2）看地面

主要是要看清楚踢脚线部位有没有渗水痕迹，包括乳胶漆或者墙纸表面有没有异常。另外，尤其要注意看是否存在发黑的部位。

（3）把已放家具搬开

买二手房时，有时会看到房子里面还放有一些家具，这时应把家具从原地搬开，检查这些部位是否存在着隐蔽的问题。

（4）验防水

二手房屋验防水的方法可能更简单点。到楼下邻居室内看一下天花板，看是否有漏水现象。另外，洗手间与厨房的邻近墙面（另一面）也是可以看到一些迹象的。

在二手房验收中，除了地平外，其他的项目最好认真地检查一下，以免日后给自己带来麻烦。另外，如果发现问题，可以在现阶段杀价，这样可以弥补一下日后维修的开支。

### 3. 上房手续办理

（1）办理上房手续需要带哪些材料？

① "商品房买卖合同"原件；② 所有购房收据；③ 身份证复印件；④ 上房（或入伙）通知书；⑤ 照片（办理业主档案用）；⑥ 其他开发商要求的资料。

（2）房屋交房手续有哪些？

虽然在交房的时候，开发商都会有专人负责和业主一起验房，但是，建议初次收房的业主们最好找有过购房经验的朋友陪同一起收房。在交房前要准备什么手续？基本的流程什么呢？在交房时，开发商需有专人陪同业主验房，并且有一份"住户验房交接表"，供业主记录验房过程中发现的问题，如果开发商未提供这类表格，业主可自己记录，整理后形成一份书面文件，一式两份，由开发商盖章，一份交给开发商，一份由业主自己保存。

（3）交房要具备哪些条件？

按照规定，开发商交付商品房屋必须符合以下条件：

① 经建设工程质量监督机构核验合格。商品房一般是由所在区、县建设工程质量监督站核验，出具是否合格的书面证明。如果验收合格，还须说明质量等级，如合格、优良等。

② 住宅房屋所属的楼盘必须取得住宅交付使用许可证。住宅交付使用许可证是由市或区住宅发展局颁发的。未取得许可证的房屋，不允许交付，公安户籍管理部门不予办理入户手续。

③ 办理房地产初始登记手续，取得了新建商品房房地产权证，俗称"大产证"。实际上只要取得"大产证"，就必须具备①、②条所列条件。没有取得"大产证"的，开发商不能办理交房手续，若开发商向买方预先交付房屋钥匙的，买方应拒绝接受。

一些购房者在开发商房屋不具备合法交房条件时，提前进房装修。等交房期届满，开发商却交不出符合合同约定标准的房屋。或配套不到位；或质量存在问题或产权有纠纷；或有些费用未缴付，导致不能按时取得住宅交付使用许可证和商品房房地产权证。这时购房者可能会左右为难：退房吧，已投入大量装修资金和时间、精力；不退吧，住进去确有诸多不便，或干脆无法居住。再说，即使是要求退房，购房者也无法要求开发商赔偿自己的全部经济损失，因为购房者也有过失，也应对提前装修造成的损失承担一定责任。

（4）房屋交房中需要哪些手续？

① 通知。

　　开发商取得商品房房地产权证后,应以书面形式通知购房者在约定时间内对房屋进行验收交接。开发商约定的收楼时限一般在收楼通知书寄出 30 天内,按有关规定,如购房者在约定时间内没有到指定地点办理相关手续,则视为开发商已实际将该房交付购房者使用(即默认交接已经完成)。

　　② 验收。

　　购房者应根据购房合同约定的标准对房屋工程质量及配套设施一一进行验收,并做好记录。同时,不要忽视对房屋产权是否清晰进行核验。

　　验收时,开发商应主动向购房者出示建设工程质量检验合格单和商品房房地产权证。开发商不出示的,购房者可以拒绝验收,由开发商承担责任。

　　③ 提供"住宅质量保证书"和"住宅使用说明书"。

　　根据《商品住宅实行住宅质量保证书和住宅使用说明书制度的规定》等相关法规,商品房交付使用时,应当提供"住宅质量保证书"和"住宅使用说明书"。"住宅质量保证书"是开发商对销售的商品住宅承担质量责任的法律文件,可以作为商品房预、出售合同的补充约定,与合同具有同等效力。开发商应当按"住宅质量保证书"的约定,承担保修责任。开发商不提供的,购房者可以拒签房屋交接书。商品住宅售出后,委托物业管理公司等单位维修的,应在"住宅质量保证书"中明示所委托的单位;而"住宅使用说明书"应当对住宅的结构、性能和各部位(部件)的类型、性能、标准等作出说明,并提出使用注意事项。

　　④ 签署房屋交接书。

　　购房者对房屋及其产权进行检验,认为符合合同约定条件的,应与开发商签订房屋交接书;对不符合合同约定的,应做好记录,要求开发商签字,直至开发商的房屋完全符合交房标准,再签署房屋交接书。

　　在开发商交房时,业主们要特别注意以下三点:

　　a. 在验房之前,如果开发商要求交费或者是签署文件,业主最好不要答应,应在验房后再进行办理。

　　b. 如果开发商提出代办产权证,业主是可以拒绝的,因为产权证业主完全可以自己办,如果交给开发商,会多花费代办费。

　　c. 验房中所发现的质量问题一定要书面记录,不能完全听信开发商的口头承诺,并且在房屋问题的后面,还要写明开发商承诺的解决时间,这样业主才能在开发商无限期拖延之后拥有主动权。

　　⑤ 收房时必须仔细查看的文件。

　　在正常交房过程中,业主应该查看以下文件:

　　第一是房产开发商必须已经取得"建筑工程竣工备案表",这是强制要求的。

第二是常说的"两书",即"质量保证书"和"使用说明书",这是建设部《商品房销售管理办法》中要求的,交房时开发商都应提供。

第三是开发商已取得国家认可的专业测绘单位对面积的实测数据,看是否与购房合同中约定的有出入,以便有问题尽早解决。

(5)逾期交房可否先收房后追究责任?

对于开发商逾期交房,一旦接收房屋后,就不能再追究开发商违约责任的担心是没有必要的。第一,接收房屋与追究开发商逾期交房责任之间并无法定的先后顺序,也没有任何法律规定接收房屋后就不能再追究开发商违约责任;第二,在开发商已经逾期交房且不存在免责事由的情况下,是否追究以及何时追究开发商违约责任完全是购房者自身的权利;第三,除购房者明确表示放弃外,接收房屋本身并不意味着购房者放弃追究开发商违约责任。当然,追究开发商违约责任受到诉讼时效限制,购房者应当在开发商实际交房之日起两年内主张自己的权利。

购房者在没有验收房屋之前,不能签署"住宅钥匙收到书",领取住宅钥匙,办理入住手续。根据《关于审理商品房买卖合同纠纷案件适用法律若干问题的解释》的规定,"交钥匙"就算房屋交付使用。因此领取住宅钥匙以后验房发现问题,开发商只承担房屋质量包修责任,而没有逾期交房的压力。

# 第二章  前期准备

## 4. 装修前的准备

很多人在刚买房子,甚至还没有买房子的时候就开始考虑装修事宜。那么,该如何着手开始准备装修的事宜呢?

(1)首先,需要确定房子的交付日期。装修准备阶段一般以提前一个月为佳,太长和太短都是没有什么益处的。太长,只会让自己操心时间过久;太短,时间过于仓促。

(2)其次,需要计划的是资金方面的内容。装修一套房子,需要多少钱,这往往是业主们最关心的。而这个问题因为各地物价的不同,装修项目的不同,又往往很难一概而论。一般来说,中档的装修款大约会占房价的 $1/10 \sim 1/5$。例如一栋房子为 $100\ m^2$,房价是 50 万元(旧房子应以相等的新房的市价计算),那么装修款在 5 万元到 10 万都是可能的。

(3)处理好装修中的夫妻角色。装修,有时候会成为夫妻讨论的一个焦点甚至引起争论,因此需要妥善处理。

(4)装修时机的选择问题。

这里主要有三个方面的考虑:

① 时间的因素。业主最好选择在自己比较空闲的时候装修,如果在装修时期工作一直很忙,还要坚持装修,那么需要找家人或朋友来帮忙装修,否则还宜等到空闲时间。

② 天气的因素。一些人传闻,在一些潮湿的天气不能装修,其实,这种说法是没有科学根据的。潮湿天气对于装修的唯一影响是油漆,如果处理不当,会出现泛白、发霉现象,处理得当就不是问题了。

③ 价格的因素。装修有淡季和旺季之分。如果装修公司的技术水平可以的话,那么在淡季装修可以节省不少费用。在装修淡季,不仅装修公司降价,而且材料经销商也会降价,这笔账算下来,节省的费用还是很可观的。

(5)买房后应该提前做的工作。

① 制定装修方案:

了解家庭成员习惯喜好。

装修档次的选择：高档、中档、普通装修风格的选择。

家具、家用电器、卫生洁具的选择。

建材选择：顶、地面、墙面、瓷砖等。

② 了解装修公司：

收集广告。

收集优秀装修公司资料。

③ 了解建材家具市场：

收集市场地址。

记录需要了解的建材、家具的价格，并横向比较。

家具风格要和装修风格相符。

④ 了解途径：

多参观一下朋友、亲戚、邻居的住宅。

多参观新房周围正在装修的房屋。

向专家咨询。

阅读一些装修方面的书籍。

**5. 装饰公司的选择**

在住宅装饰装修时，业主需要选择好的装饰公司。选择好的装修公司，建议业主不妨试试下面五招。总的来说是一看、二忌、三配合、四口碑、五限定。

一看：

（1）看营业执照、看资质证书、看相关人员的技能等级证书；

（2）看负责人是否经常下工地检查督促施工进度和现场管理状况，看材料单价、管理制度和服务态度；

（3）看公司的规模、实力大小、人员构成，了解公司的口碑；

（4）看正在施工的工地，而非"样板间"，可以直观地看到隐蔽工程、施工工艺水平，尤其能够了解到工程是否存在转包等现象；

（5）看是否用市工商局与市装饰装修行业协会制定的"徐州市家庭居室装饰装修工程施工合同"，是否用《住宅室内装饰装修设计规范》（JGJ 367—2015）的标准来装修。

二忌：

签订合同中忌报价闭口、材料无品牌名称、一味要便宜、赠送小礼品、贪小失大，忌基价入门后期增项。

三配合：

　　签订合同后,甲乙双方应积极配合,同心协力,千万不可以对抗的心理给对方设置障碍,一定要相互支持、沟通理解,最终受益。

　　四口碑:

　　口碑,尤其是负责人的人品和口碑。负责人的人品和口碑,决定了一个公司的正规与否,决定着公司的规章制度和施工规范能否执行到位,决定了其售后服务是否人性化。

　　作者曾在一家装饰公司老板的办公桌上发现了 20 多把防盗门的钥匙,一问才知道,原来是业主信任他,才把钥匙全都交给了他。这就是口碑,来自业主朋友信任的口碑!

　　五限定:

　　作者建议:选择装饰公司时优先选老业主推荐的,数量限定 4 家。业主可以安排这几家公司先后进行免费验房、量房和报价,展示设计效果,待综合比较后,再最后确定适合自己家的公司。

　　经过与徐州装修业主交流群和徐州半包业主交流群内装修业主(以下简称群内业主)的交流和总结,并由群内已经装修完的业主推荐,逐步筛选出了一批性价比优、口碑好和施工规范的装饰公司,这些公司是:摩卡装饰、迎客松装饰、创玺装饰、弘高装饰、我爱我家装饰、慕舍装饰、尚美装饰、泓点装饰、宏业装饰。

### 6. 设计师的选择

　　设计师是装修的灵魂。设计师应该具备什么条件呢?

　　首先是资质。专业设计师必须通过考试取得相关资质证书,根据考试等级和从业经验,证书也分为不同等级。

　　其次是专业背景。设计师的专业背景一般分为建筑专业、美术专业、工建转行、留学经历等。擅长领域也不同,如建筑、工建专业熟悉施工,美术专业擅长风格设计。

　　判断设计师是否合格有三大技巧:

　　一听。听设计师解说对空间设计的想法和装饰处理的手法,要言出有据,从而判断设计师的专业性。

　　二看。可以看一下设计师以前的设计作品,通过观察设计师在不同个案中采用的手法,以及对图纸深入程度的处理,了解其基本功是否扎实。

　　三比。比较不同设计师擅长的风格、控制造价的能力,以及对工艺设计的了解深度来进行选择。

　　设计师还要有责任感。好的设计师会提供前期的设计预算、中期的施工、后期的家具配饰选购等全套服务。

另外还要注意,选设计师不能盲目追求级别和名气,找到适合自己性格、喜好和风格的设计师才是最重要的。

### 7. 设计方案的洽谈

当选择好装修公司和设计师后,下一步就是洽谈设计方案。

在一切设计之前,沟通是很关键的,而这源自业主为设计师所提供的信息。那么这些信息包括什么呢?

(1)自己的想法。把自己大概的想法告诉设计师,并不要求很具体,而且业主需要强调的是,这是不成熟的想法,相对来说,更希望设计师能提供更好的主意,有利于充分发挥设计师的作用。想法应包括业主对房子装修的预期档次。

(2)告诉设计师自己的职业。这并不需要告诉对方任职于××公司或机关,只需告诉一个大范围的职业,例如公司职员、艺术家、运动员、企业家或者教师。为什么要强调这点呢?因为不同的行业有着其行业特点,例如,公务员可能希望房子装得简约大方;而医生往往并不喜欢见到自己家的墙面仍然是白色的。

(3)家庭成员。一般家庭有几口人,作为一个小集体来说,房子的装修需要把家庭成员的情况考虑进去。如果家里有儿童时,那么在一些装修项目中就得考虑安全方面,例如现在一些楼宇阳台栏杆很矮或者杆距很大,这就可能会有安全隐患。

(4)特殊成员:这里主要指宠物。很多有宠物的客户,往往会把它们视为家庭的成员。在装修中,也应考虑它们,例如为它们营造一个小窝等等。

(5)个人爱好:这是指一些平常的爱好,例如对色彩的敏感,特别喜欢或特别讨厌哪类的色彩等,也会有一些人对特定的图案有特殊的感觉。例如蓝色对于不少人来说是使人精神振奋的一种颜色。

(6)特殊爱好:这指的是一些与众不同的爱好,例如喜欢收藏,那么业主也许喜欢把一些藏品展示出来。

(7)生活习惯:这是指日常的一些生活习惯,例如喜欢在家里放置一台跑步机,又或者是一名网络爱好者,会希望家里无线信号较好。

(8)特殊家具:如果业主有钢琴之类的大件,那么在开始设计时,就需要把它考虑进去了。除此之外,现有的家具以后还要用的,也要把它考虑到设计里去。

(9)避讳事宜:每个地方的人都有可能有习俗上的避讳,应特别注意。

(10)宗教信仰:也许有一些业主会有特定的宗教信仰。

在这些资讯提供后,一般熟手的设计师都会有一种大概的想法,一些比较好的设计师可以马上用草图勾勒出来。在经过初步的同意后,进行下一步的设计,那么就能减少无用功了。

一般来说,家装设计分为下面几个阶段:

(1) 方案设计:主要是对于方案的比较和双方意见的交流阶段。

(2) 初步设计:较为深入的设计阶段,设计项目基本上成型。

(3) 施工设计:经过业主方同意后,开始绘制施工设计阶段。

(4) 竣工设计:对于家装来说,主要是一个隐藏管道的竣工图纸。

在很多家装公司中,往往会提供一册几十张图纸给业主。其实,这种做法是完全不必要的,但很多人为了表现工作量,往往把设计变成了一种形式,通过图纸的多少来体现设计的深浅。一般家装的业主方都缺少专业的知识或人员来专门审核设计方的图纸,因此,图纸应以显著及突出重点的方式来完成,要言之有物地来完成设计。至于图纸的数量,要以能说明问题为主要的考虑点,该表达的一定要表达,该说明的一定要说明。但是也存在着一个具体实施的问题,不能将设计沦为纸上谈兵。

### 8. 装修费用详解

装修往往支出较多,装修费用如下式所列。

家居装修中的总费用＝主材费＋辅材费＋人工费＋设计费＋管理费＋税金

(1) 主材费:指按施工面积或单项工程涉及的成品和半成品的材料费用,如木地板、瓷砖、洁具(含龙头)等。

(2) 辅材费:指装修中所消耗的难以明确计算的材料费用,如涂料、油漆、电线、水管、开关面板、板材、水泥、沙子、铁钉、水胶布、电工胶布、黏合剂等。

(3) 人工费:指整个工程中需要支付的工人工资,如泥瓦工、木工、水电工、油漆工等的工资。

(4) 设计费:指施工前的测量费、方案设计费、施工图纸设计费以及陪同选材、现场指导等跟踪服务费。

(5) 管理费:指在装修中装修公司对施工现场的装修工人、装修材料进行监管和监督所收取的费用,管理费的计算方式一般为:

$$管理费＝(人工费＋材料费)×(5\%～10\%)$$

(6) 税金:

$$税金＝(人工费＋材料费＋管理费)×3.41\%$$

有的装修公司会提出免去税金,但不开发票。为了避免将来售后维修出现矛盾,建议不要这么做。

### 9. 面积的计算方法

新房装修如何计算施工面积呢？一些业主对于新房装修施工面积的计算不清楚,这样可能造成装修后一定资金方面的损失。

家庭装修中所涉及的项目大致分为墙面、天棚、地面、门、窗及家具等几个部分。在装修前应该测出这些项目实际面积,做到心中有数。施工工程面积是影响工程造价的重要因素,那么施工面积该如何计算呢？

（1）墙面面积的计算

墙面(包括柱面)的装饰材料一般包括:涂料、石材、墙砖、壁纸、软包、护墙板、踢脚线等。计算面积时,材料不同,计算方法也不同。

涂料、壁纸、软包、护墙板的面积按长度乘以高度,单位以"平方米"计算。长度按主墙面的净长计算;高度因有无墙裙而有所不同,无墙裙者从室内地面算至楼板底面,有墙裙者从墙裙顶点算至楼板底面;有吊顶天棚的从室内地面(或墙裙顶点)算至天棚下沿再加 20 cm。

门、窗所占面积应扣除一半,但不扣除踢脚线、挂镜线、单个面积在 0.3 m² 以内的孔洞面积和梁头与墙面交接的面积。镶贴石材和墙砖时,按实铺面积以"平方米"计算。踢脚线使用量按房屋内墙的净周长计算,单位为 m。

（2）地面面积的计算

地面的装饰材料一般包括:木地板、地砖(或石材)、地毯、楼梯踏步及扶手等。地面面积按墙与墙间的净面积以"平方米"计算,不扣除间壁墙、穿过地面的柱、垛和附墙烟囱等所占面积。

（3）楼梯踏步的面积的计算

楼梯踏步按实际展开面积以"平方米"计算,不扣除宽度在 30 cm 以内的楼梯井所占面积;楼梯扶手和栏杆的长度可按其全部水平投影长度(不包括墙内部分)乘以系数 1.15 以"延长米"计算。

其他栏杆及扶手长度直接按"延长米"计算。对家具的面积计算没有固定的要求,一般以各装修公司报价中的习惯做法为准:用"延长米"、"平方米"或"项"为单位来统计。但需要注意的是,每种家具的计量单位应该保持一致,例如做两个衣柜,不能出现一个以"平方米"为计量单位,另一个则以"项"为计量单位的现象。

（4）顶面面积的计算

天棚(包括梁)的装饰材料一般包括涂料、吊顶、顶角线(装饰角花)及采光顶棚等。天棚施工的面积均按墙与墙之间的净面积以"平方米"计算,不扣除间壁墙、穿过天棚的柱、垛和附墙烟囱等所占面积。顶角线长度按房屋内墙的净周长以"米"计算。

（5）墙面刷漆施工面积的计算

$$墙漆施工面积＝（建筑面积×80\%－10）×3$$

建筑面积就是购房面积，现在的实际利用率一般在 80% 左右，厨房、卫生间一般是采用瓷砖、铝扣板的，该部分面积大多在 10 m² ，该计算方法得出的面积包括天花板。吊顶对墙漆的施工面积影响不是很大，可以不予考虑（这个公式得到的结果可能是最接近实际面积）。

一般情况下，房高在 2.5～2.7 m 的房子，可以用"地面面积×3.5"计算得出总的涂刷面积（包括天花板）。

### 10. 图纸的设计和审核

（1）图纸的设计

设计图纸是施工的基础，图纸不完善或不明晰，可能会对施工造成影响。

常见的图纸有哪些呢？

第一种是原始建筑测量图。包括房间尺寸，墙体厚度，层高，梁柱，门窗洞口的尺寸位置，强、弱电箱位置，总水管进户位置及各分管道的位置、功能、尺寸。

第二种是装饰平面布置图。图上要标出墙体定位尺寸，结构柱、门窗应注明宽度尺寸；标注各区域、房间的名称和面积，以及室内外、地面的高度和墙体厚度；还要标出楼梯平面位置的安排、上下方向示意及梯级计算，门的开启方式和方向，以及活动家具布置及盆景、雕塑、工艺品等的配置。

第三种是天花板吊顶布置图。要标明天花板造型的尺寸定位、灯具位置及详图索引，并标注天花板底面到地面的高度。

第四种是地面材质图。要标出需要铺设的地面材料种类、底面拼花、材料尺寸及不同材料分界线。

第五种是配电系统图。包括强弱电路的走线安排，各种电源插座的位置和数量。

此外，还有建筑改建平面图、空调走线图、开关布置图、照明平面图、给水平面图、立面图、局部放大图和节点详图等。这些图纸不是必需的，可以根据工程的具体情况要求装修公司提供。

（2）图纸的审核

审核图纸要特别重视图纸比例、尺寸和使用材料方面的内容。

① 比例合理，看图纸时不能只看效果图，要与施工图和立面图结合起来看。图纸必须按照严格的比例来制作。

② 详细尺寸要规范,设计师应在施工现场做好认真细致的测量,并在设计图纸上一一标明,以免在施工时产生设计与施工脱节的情况。

③ 材料明晰,设计图纸上应该标注出主要材料的名称以及材料的品牌、规格、型号、等级等。

④ 标明制作工艺,在施工图纸中标注必要的制作工艺可以方便施工,同时也能够约束施工人员,杜绝施工工程中出现偷工减料的现象。

看设计图纸应从大处细处着手、细致推敲,结合设计师的解释说明对整套图纸做全面的理解,还可以要求设计师出示所用材料的实物样板。

此外,装修完工后,所有的设计图纸都必须保存完整,今后一旦水电工程出了故障或是想重新改装,都需要设计图纸作为参考依据。

### 11. 装修预算的计算和审核

(1) 装修预算的计算

家庭装修一般分为全包、半包和清包三种形式。

以全包为例,预算的估算一般有两种方式。

第一种:总造价＝直接费用＋(直接费用×综合系数)。直接费用包括材料、辅料和人工费。人工费一般是一个工作日 80～150 元,综合系数包括税金和管理费等,其中税金约 3.41%,管理费约 5%～10%。这种计算方法价格透明,每一项材料的单价都很清楚,也有装修公司采用更为简单的方法,即总造价＝材料费＋人工费。

第二种:总造价＝单项工程包工包料造价相加的总和。将各项工程的单项造价逐一算出然后相加,其总和就是总造价。例如,木龙骨的材料费＋人工费为 45 元/m²,所要施工的面积为 20 m²,那么木龙骨工程的单项工程价就等于 900 元。如果业主采用半包或清包的方式,则应扣除相应的材料款或设备款。

一般确认装修预算的方式也有两种:一种是业主报出投入款价,装修公司据此设计和计算报价;另一种是业主提出要求,装潢公司提出价格,然后由业主认可。可以根据自己的实际情况选择适合的计算方式。

(2) 装修预算的审核

在签订装修合同前,除了要看设计方案外,还应该对装修预算书进行审核,预算应与图纸相对应,图纸上所绘制的每项工程都要在预算书上体现,一份合格的预算至少包括项目名称、单价、数量、总价、材料结构、制造和安装工艺技术标准等。

审核预算时要注意些什么呢?

① 工艺做法要完整明确,除了项目名称、材料品种、规格、等级、价格和数

量,还要加入工艺做法或对每个项目的工艺做法作详细说明。

② 合理进行面积测算,尤其是墙面这一项,门窗面积按 50％ 计入涂刷面积。

③ 价格因素。价格和材料选择、工艺工序是分不开的。考察报价时,一定要把材料的品牌、型号、等级以及施工的工艺工序都考虑在内,不能只考虑是否便宜。

④ 相关费用。如果预算最后出现的机械磨损费、现场管理费、利润等项目属于不合理收费,这些费用都已经分摊入每项工程,不应该重复计算。另外要注意的是,装饰材料多出 5％～10％ 属于正常损耗。

⑤ 对预算书确定无误后,就可以签订家庭装饰工程合同了。

根据群内业主近三年的交流和比对:目前徐州市场上半包装修的合理报价应该在 260～400 元/m² 。如果超过这个价格,一般有两种情况:一是吊顶等复杂工序多;二是大型装修公司的综合费用高。

### 12. 装修合同的签订

签订装修合同时要注意哪些方面呢?

(1) 必须使用正规的合同文本,而不是装修公司自拟的合同。合同承包方及装修公司的名称要与营业执照上的名称一致,由法定代表人签订,委托代理人需要复印委托书,并向装修公司索要加盖公司公章的工商执照和资质证明复印件。

(2) 合同中需要双方共同协商的项目不能漏填,在签字后,装修公司要加盖公章才能生效。

(3) 一份完整的家装合同,应详细注明施工工期、验收程序、付款方式、施工项目的详细工艺及说明甲乙双方各自提供的材料的明细表和日期等。同时,还应约定好违约金的赔付比例并附上详细的设计图纸和报价单。

(4) 对于建材用料的标准一定要精确,包括:地面、顶棚、内墙、外墙、厨房、阳台等,标注清楚材料的品牌、型号、等级、规格。由装修公司代购的材料,有提供分项发票和总发票两种方式,前者清晰明了,后者责任明确。材料进场后,需经双方验收签字后才能使用。

(5) 合同中的内容如施工期限、合同标的、付款方式、施工项目、预算项目、违约责任、保修期限等需要变更时,需签订变更协议,并经双方签字。

### 13. 付款流程

一般家装工程的付款分为四个阶段:开工预付款、中期进度款、后期进度款和竣工尾款。付款的比例和时间都应在合同中注明。

　　首先是开工预付款。这笔款项是工程的启动资金,应在水电工进场前交付,用于基层材料款和部分人工费,如木工板、水泥、沙、电线、木条等材料,以30%为宜。

　　其次是中期进度款。在基层工程量基本完成、验收合格,泥木工进场前支付,具体比例可根据工程进度和质量高低决定,一般以工程款的35%为宜。

　　然后是后期进度款。在油漆工进场前交付,约为工程款的30%,期间如发现问题,应尽快要求装修公司及时整改。

　　最后是竣工尾款。等工程全部完工,竣工验收合格并将现场清理干净后,就可以支付最后5%的尾款。

　　装修付款流程图见图 2-1。

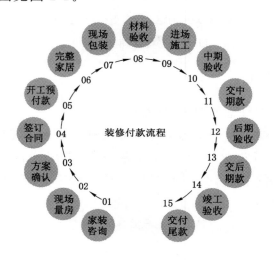

图 2-1　装修付款流程

### 14. 装修的一般流程

　　房屋交付后,每个业主心中对新家的装修都有一套自己的方案,有的业主可能会找装修公司装修,有的业主会亲自负责。那么新房装修的流程有哪些?装修的步骤又是怎样的呢?

　　(1) 前期设计:主要是根据自己的生活习惯设计,并且对自己的房间进行一次详细的测量,最好亲自测量一遍。测量的内容主要包括:明确装修过程涉及的面积,特别是贴砖面积、墙面漆面积、壁纸面积、地板面积;明确主要墙面尺寸,特别是以后需要设计摆放家具的墙面尺寸。

　　提示:家用中央新风和中央空调的安装属于隐蔽工程,最佳的安装时间点是装修吊顶前。空调设计师与业主、装潢设计师沟通后,根据建筑结构、房型、空调使用面积、客户需求等具体情况计算空调负荷,选定机型,确定室内机、室外机的摆放位置和吊顶方式,走管布线,确保舒适和美观。

（2）主体拆改:进入到施工阶段,主体拆改是最先施工的一个项目,主要包括拆墙、砌墙、铲墙皮、拆暖气、换塑钢窗等。通俗来说,主体拆改就是先把工地的框架搭起来。

（3）水电改造:水电路改造之前,主体结构拆改应该基本完成。在水电改造和主体拆改这两个环节之间,还应该进行橱柜的第一次测量。其实所谓的橱柜第一次测量并没有什么实际内容,因为墙面和地面都没有处理,橱柜设计师不可能给出具体的设计尺寸,而只是就开发商预留的上水口、油烟机插座的位置,提出一些建议。主要包括:① 油烟机插座的位置是否影响油烟机的安装;② 水表的位置是否合适;③ 上水口的位置是否便于安装水槽。对于橱柜的第一次测量,有经验的业主可以自行完成。水路改造完成之后,最好紧接着进行卫生间的防水工程施工。厨房一般不需要做防水。

注意:室内水、电、暖改造安装的顺序是先水电改造,再地暖施工;或者先暖气施工,再水电改造。

（4）木工:木工、瓦工、油工是施工环节的"三兄弟",基本出场顺序是:木工—瓦工—油工。基本出场原则是"谁脏谁先上"。"谁脏谁先上"也是决定家装顺序的一个基本原则之一。其实像包立管、做装饰吊顶、贴石膏线之类的木工活从某种意义上说也可以作为主体拆改的一个细小环节考虑,本身和水电路改造并不冲突,有时候还需要做一些配合。

（5）贴砖:在"瓦工老二"作业的过程,还涉及以下三个环节的安装:① 过门石、大理石窗台的安装。过门石的安装可以和铺地砖一起完成,也可以在铺地砖之后。大理石窗台的安装一般在窗套做好之后,安装大理石的工人会准备玻璃胶,顺手把大理石和窗套用玻璃胶封住。② 地漏的安装。地漏是家装五金件中第一个出场的,因为它要和地砖共同配合安装。因此,业主在开始购买建材的时候,应该趁早买好地漏。③ 油烟机的安装。油烟机是家电第一个出场的,厨房墙地砖铺好之后,就可以考虑安装油烟机了。瓦工离场,这时候可以预约橱柜的第二次测量,准确地说,在厨房墙地砖贴完并安装完油烟机之后,就可以预约橱柜的第二次测量。

（6）刷墙面漆:"油工老三"进场,主要完成墙面基层处理、刷面漆、给"木工老大"制作的家具上漆等工作。准备贴壁纸的业主,只需要让油工在计划贴壁纸的墙面做基层处理。至于是否要留最后一遍面漆,从经验来看,留一遍面漆的意义不是很大,因为后面的操作没有比刷漆再脏的工作了。

（7）厨卫吊顶:厨卫吊顶作为安装环节首先要做的,还是在延续对家的"包装"。在厨卫吊顶的同时,厨卫的防潮吸顶灯、排风扇(浴霸)应该已经准备到位。业主最好把厨卫吸顶灯、排风扇(浴霸)同时装好,或者留出线头和开孔。

(8)橱柜安装:吊顶结束后,可以预约橱柜上门安装了。顺利的话,一天的时间可以完成。同时安装的还有水槽(可以不包括上下水件)和煤气灶,橱柜安装之前最好协调物业将煤气开通,因为煤气灶装好之后需要试气。

(9)木门安装:在橱柜安装的第二天,可以预约安装木门。注意:木门应在一个多月前木门测量完成后开始制作。顺利的话,木门安装需要一天的时间,同时要安装合页、门锁、地吸。业主事先应该准备好相关五金。如果想让木门厂家安装窗套、垭口的话,在木门厂家测量的时候也要一并测量,并在木门安装当天同时安装,同时应考虑将大理石窗台的安装时间向后推迟,排在窗套安装之后。

注意:木门的制作周期一般为一个月,所以,为了让工期衔接紧密,要在主体拆改完成之后尽早让木门厂家上门就门洞尺寸进行测量。关于门洞的处理,需要注意一点,如果家里门洞的高度不一致,需要处理成等高的,这样会更加美观。

(10)地板安装:在木门安装的第二天就可以安装地板了,顺利的话,需要一天的时间。地板安装需要注意以下几个问题:

① 地板安装之前,最好让厂家上门勘测一下地面是否需要找平或局部找平,有的装修公司会建议业主对地面进行找平或局部找平;

② 地板安装之前,室内铺装地板的地面要清扫干净,保证地面的干燥,清扫过程不要用水;

③ 地板安装时,条件允许的话,建议地板的切割在走廊进行,在室内切割地板对墙面的污染比较严重,类似的还有橱柜的人造石台面的切割。

(11)铺贴壁纸:在地板安装的第二天,室内收拾干净以后,就可以预约壁纸商家进行铺贴,顺利的话,需要一天的时间。有条件的话,铺贴壁纸的当天,地板应该做保护措施;没条件也没关系,之后清理地板上遗留的壁纸胶。铺贴壁纸前,墙面上要尽量做到无任何物品。

(12)散热器安装:在壁纸铺好的第二天,更换散热器或者拆改散热器的业主可以将散热器安装在墙上,大概需要一天的时间。木门—地板—壁纸—散热器,这是被普遍认可的合理安装顺序。先装木门是为了保证地板的踢脚线能和木门的门套紧密贴合;后贴壁纸主要是因为地板的安装产生污染物多,粉尘多,对壁纸污染严重;最后装散热器是因为只有墙面壁纸铺好才能安装散热器。

(13)开关插座安装:业主应该对室内各个自然间的开关插座数量、位置等有一个详细的了解或者记录,特别是对于贴壁纸的业主,有时候壁纸工人将壁纸全部铺到墙面,不会在开关插座的位置开孔标示,因此,需要业主自己心中有数。

（14）灯具安装:灯具安装,没有特别要说明的。

（15）五金洁具安装:上下水管件、卫浴挂件、马桶、晾衣架等,可以一并安装。

（16）窗帘杆安装:窗帘杆的安装标志着家装的基本结束。

（17）拓荒保洁与美缝:拓荒保洁之前,不要装窗帘。拓荒保洁时,室内不要安装家具以及不必需的家电,要尽量保持更多的平面,以便能够彻底地清扫。

（18）家具进场与安装。

（19）家电进场与安装。

（20）家居配饰:家居配饰是家装的最后一个步骤,而且已经由装修转为装饰了,包括窗帘的安装都属于家居配饰环节。至于窗帘,最好是在订好家具之后,以便保持风格一致。家居配饰还包括一些绿色植物、墙画、工艺品等。总之,入住之后,业主就可以对装饰自由发挥了。

注意事项:

（1）最好邀请有经验者一同去采购材料,因为熟悉材料市场的人了解市场价格,这样既省钱又省时省力。

（2）所谓"淡季生意难做",其实是购买材料的人少,价格相对便宜,这时购买材料是一个好的节省开支途径。

（3）为了保证质量,避免进行二次返工,最好请技术水平较高的工人施工。

（4）大面积使用一种材料可以降低单价,最终可节省开支。

## 15. 价格陷阱及规避方法

（1）偷换计量单位

这是一般业主最难看穿的价格陷阱,因为业主很少注意到报价单上的单位,不太了解不同的单位意味着报价数字偏差很大。比如定做一个鞋柜,报价单上写着:"主材:8毫米玻璃隔板＋1厘米钢化玻璃＋镜子＋辅料,单位:项,数量:1……"貌似很合理,其实关于鞋柜的尺寸大小没有说明,就留下了偷换计量单位的机会。业主应要求按照实际面积来计算,比如衣柜、鞋柜等,尽量少以"项"为单位,以免在装修过程中出现误差。

（2）"遗漏"某些硬装修主材

装修报价单上被刻意"遗漏"了某些主材,业主被这种整体价格合理的报价单吸引而爽快签约,但在接下来的装修过程中业主将为装修公司这些故意的"遗漏"而不断增加投入。要预防这一风险,业主必须要求装修公司在装修合同或者协议上写清楚所有主材,且标明购买者是装修公司还是业主自己。

（3）模糊品质、级别、规格

这是不规范的装修公司较为常用的伎俩,虽然写明了需要某些材料,标明了材料需要的数量,但是却没有说明到底选用什么品质、什么品牌、什么规格的材料。业主应要求报价单的每一项尽可能详细地说明材料的各项要素。装修期间注意核查相关材料是否按指定的要求采购。

（4）拉低某个单项价格

业主一般会事先向已经装修的朋友请教,或是到市场上去了解某项材料的价格,但他们了解的信息往往是片面的。比如业主知道地板、瓷砖目前的单价,但是并不一定了解地板安装、贴瓷砖的人工费用,于是他把地板、瓷砖的价格砍下来了,却没注意人工费用。所以业主看装修报价单的时候,不要只盯着某个项目的单项价格,而是要综合人工、损耗等各方面费用以及其他项目的费用来看。

（5）施工工艺含糊不清

只看数字、不看文字说明是大部分业主在查看报价单时常出现的问题,总觉得一个数字差错会造成损失,而文字说明肯定没法做手脚,事实并非如此。无论是墙面涂层施工、地板施工、下水管道施工都有各自的施工工艺要求,中间漏掉一道工序,在将来的生活中就可能造成很多麻烦,如墙面掉漆、卫生间渗水等问题大都是由于装修施工工艺不过关导致。因此,业主最好多学一点装修常识,尽量了解关于室内装修的各项工程施工工艺标准,定期去装修现场了解进程,这样有一定的防范作用。

## 16. 家装配色不老的"十大定律"

以下"定律",可供业主参考:

第一条:空间配色不得超过三种,其中白色、黑色不算色。

第二条:金色、银色可以与任何颜色相配衬。金色不包括黄色,银色不包括灰白色。

第三条:家用配色在没有设计师指导下最佳配色灰度是:墙浅,地中,家私深。

第四条:厨房不要使用暖色调,黄色色系除外。

第五条:最好不用深绿色的地砖。

第六条:不要把材质不同但色系相同的材料放在一起。

第七条:想制造明快现代的家居品味,那么不要选用那些印有大花小花的东西(植物除外),尽量使用素色的设计。

第八条：天花板的颜色应浅于或与墙面同色。当墙面的颜色为深色设计时，天花板应采用浅色。天花板的色系最好是白色或与墙面同色系者。

第九条：空间非封闭贯穿的，必须使用同一配色方案。不同的封闭空间可以使用不同的配色方案。

第十条：本"定律"如果用于家居以外，90％可能错误。

怎么辨别灰度呢？很简单，把要用的颜色用黑白复印机复印出来对比一下就行了。不管是暖色系还是冷色系，必然有它的灰度。

在一般的室内设计中，使用颜色都会限制在三种之内。当然，这不是绝对的，由于专业的室内设计师熟悉更深层次的色彩关系，用色可能超出三种，但一般只会超出一种或两种。

限制三种颜色的定义：

① 同一个相对封闭空间内的三种颜色，包括天花板、墙面、地面和家私。客厅和主卧可以有各成系统的不同配色，但如果客厅和餐厅是连在一起的，视为同一空间。

② 白色、黑色、灰色、金色、银色不计算在三种颜色的限制之内。但金色和银色一般不能同时存在，在同一空间只能使用金色或银色的一种。

③ 图案类以其呈现色为准。例如一块花布有多种颜色，由于色彩有多种关系，所以专业上以主要呈现色为准。办法是眯着眼睛看，即可看出其主要色调。但如果一个大型图案的个别色块很大的话，同样得视为一种色。

### 17. 装修中的"禁区"

（1）承重墙

一般在砖混结构的建筑物中，凡是预制板墙一律不能拆除或开门开窗，厚度超过 24 cm 以上的砖墙也属于承重墙，也是不能拆改的。在承重墙上开门开窗，会破坏墙体的承重，是不允许的。而敲击起来有空鼓声的墙壁，大多属于非承重墙，可以拆改。

（2）墙体中的钢筋

如果在埋设管线时破坏了钢筋，就会影响到楼板和墙体的承受力，一旦遇到地震这样的墙体和楼板很容易坍塌或断裂。

（3）房间中的梁柱

梁柱是用来支撑上层楼板的，拆掉后上层楼板可能会掉落，因此也不能拆除。

（4）阳台边的矮墙

一般房间与阳台之间的墙上，有一门一窗。这些门窗都可以拆改，但窗户以下的墙不能动。这段墙叫"配重墙",它像秤砣一样起着挑起阳台的作用。拆改这堵墙会使阳台的承重力降低,严重时发生阳台下坠。

(5)"三防"或"五防"的户门

这些户门的门框是嵌在混凝土中的,如果拆改会破坏建筑结构,降低安全系数。破坏了门口的建筑结构,再重新安装新门就更加困难了。

(6)卫生间和厨房的防水层

这些地面下都有防水层,因此在更换地面材料时,不要破坏防水层。如果破坏后重新修建,一定要做"24 小时渗水试验",即在卫生间或厨房中灌水,24 小时后不渗漏方算合格。

(7)卫生间的蹲便器

蹲便器一般都是前下水,而坐便器一般都是后下水,所以更换坐便器,就意味着更改下水管道。这种施工难度大,而且会破坏原有防水层。安装不当可能导致楼下渗水或者马桶不下水。

(8)暖气和煤气管道

安装和拆改煤气管道,必须请煤气公司的专业施工单位进行,装饰公司不能施工,而且在装修时,不能遮盖水表、电表和煤气表;对于暖气和暖气管道,同样要谨慎,因为暖气在室内的位置直接影响到冬季室内的温度,如果拆改不当,会导致取暖受影响或暖气跑水。

(9)不能使用过沉的材料

厚度超过 1 cm 的天然石材,家庭装修中最好不要使用。

**18. 装修模式的选择**

(1)建议

大多数业主是装修完,再考虑家具。有可能出现的问题是:预留的空间很可能放不下选好的家具;或者家具风格与装修不符。

建议前期就关注家具,选出中意的样式,记好尺寸,在装修时做到有的放矢。

(2)装修包工方式

包工方式可以分为包清工、包工包辅料、包工包料、套餐模式和拎包即住五种。

业主需要根据自身情况选择,综合考虑。

① 清包:包清工,建议非专业人士勿试。

即业主购买全部材料。业主要有充分的建材知识和充足的时间。

优点:省钱,放心,质量有保障。

缺点:费时、费力、容易延误工期、剩余材料易造成浪费。

适合人群:预算较少;关心质量;有足够的时间,且会砍价;对装修建材较了解。

注意事项:花一定的时间学习,尽量做好知识储备,统筹规划,集中购买。

② 半包模式:包工包辅料,防止漏项很重要。

业主自备主材,如瓷砖、洁具、地板、门窗、橱柜、涂料等;装修公司负责施工及辅材的采购,如水泥、沙子、腻子等。业主可减少采购材料方面的压力。

优点:有时间和精力去保证主材质量,不必对辅材操心,省时。

缺点:购买主材如不及时,影响工期;辅材质量好坏很难掌控。

适合人群:对主材有一定鉴别能力;有一定的时间采购。

注意事项:注意辅材质量,避免以次充好;把握主材用量,减少不必要的浪费。

③ 全包:包工包料,把握合同最关键。

装修所需材料由施工方全权负责,业主仅需验收。

优点:在保证质量的前提下,相当省心、省力;如有问题责任比较明确。

缺点:花费较多;材料质量有可能出现问题。

适合人群:没有时间和精力关注装修;不了解装修材料;有一定的经济实力。

注意事项:与信誉度好的装修公司合作;合同签订要谨慎;做好材料验收工作。

④ 套餐式:看清赠送再签单。

套餐式是近几年来流行的一种装修方式,按建筑面积收费,每平方米有固定的金额,无论是主材、辅材,还是施工,业主一律不参与。

适合人群:对主材和装修风格没有太多的要求,自由分配时间较少。

注意事项:这种装修方式,由于相对来说业主较省事,受到不少人的青睐,但由于快餐式装修,设计上难出新意,同时其主材也是局限在特定的范围内挑选,所以对于对主材挑剔的人来说,不是很合适。虽然套餐中标明了所赠送的内容,但事实上很多赠送的部分都不够。一般业主可能需另外付钱。如果选套餐式,一定要看清楚所赠送的内容是否与自己家的实际情况相符。

温馨提示:套餐的价格不包括水电路改造,所以不能简单地以建筑面积乘以每平方米收费来计算。

⑤ 拎包入住式:个性需求不鲜明。

这种方式基本与套餐式类似,与之区别的是,套餐式不包含家具,而这种拎包入住式的装修方式包括家具在内,也是根据平方米计算总价。

适合人群：个性化需求不高，空闲时间较少，工作较忙的业主。

注意事项：这种装修方式，不仅业主不用操心装修的任何环节，而且不用挑选家具、软饰品。但这种装修方式与套餐式一样，也存在赠送内容不够的情况，要提前做好超支的心理打算，同时由于是批量化生产，其家具和饰品不可能满足每位业主的需求，对此要有充分的心理准备。

温馨提示：如果家具让装修公司制作，那么建议饰品尽量自己选择，满足业主的个性化需求。

### 19. 需要到物业公司办理的装修手续

业主在装修开工前要做好以下准备：

（1）在小区物业出具的装修协议上签字。

（2）提供自家装修的图纸，主要是水电路改造和拆改的非承重墙体项目。

（3）办理"开工证"，施工时贴在入户门上，作为物业检查工期的证明。

（4）出入证：主要是为工人办理，以免装修期间有其他人员混入小区。

（5）装修押金：各个小区视情况而定，没有统一标准，一般装修完工3个月后退给业主。

（6）垃圾清运费：用来支付物业公司清理装修垃圾，不同的物业公司收取的标准不一样。

# 第三章　硬装篇——水、电、暖，结构改造等隐蔽工程

### 20. 家装隐蔽工程

提起隐蔽工程，相信很多打算装修的业主感到陌生，即便是已经装修好的业主，也未必很清楚。隐蔽工程的重要性主要在于其都是非常基础的东西，比如水电暖，与日常生活息息相关，而且大多是在装修以后看不见的部分，一旦出现故障，维修比较困难，还可能会破坏装修好的东西，所以一定要重视隐蔽工程的施工。

隐蔽工程发现问题，哪怕是非常微小的，只要存在隐患，就必须让装修公司返工维修。

（1）隐蔽工程概念

简单地说，隐蔽工程完工后看不见、摸不着，主要是指水、暖、电等施工后外边看不到的家装工程，包括给排水工程、电气管线工程、地板基层、护墙板基层、门窗套基层、吊顶基层等六项工程。正因为隐蔽工程不是"面子"工程，而是"里子"工程，出了问题补救起来相当麻烦，因此，业主在装修过程中一定要重视隐蔽工程的质量，千万不能大意，以免留下隐患。

根据装修工序，隐蔽工程都会被后一道工序所覆盖。也就是说，装修结束后如果隐蔽工程出现任何问题，维修的话就必须先翻开墙面、地面等其他工程，才能进行修复，这将给业主带来巨大的麻烦和不应有的经济损失。

（2）隐蔽工程常出现的问题

① 因顶棚整体或局部塌落使吊顶成"掉顶"。这主要是因为吊顶与楼板及龙骨与饰面板结合不好或承重过大。吊顶龙骨不能扭曲、变形，安装好的龙骨应牢固、可靠，四周水平偏差不得超过 5 mm，超过 500 g 的吊顶或吊扇都不能悬挂在吊顶龙骨上，而应另设吊钩。如果吊顶使用石膏饰面板，其厚度应该在 9 mm 左右。

② 阳台封装固定不牢造成塌落。由于目前一些居室的阳台没有预留封装材料的"落脚点"，因此封装阳台时门窗必须横平竖直，高低一致，外观无变形、开焊、断裂，框与墙体之间的缝隙应填满、密实。

③ 管道渗透造成顶棚损失。家庭居室中除了厨房、卫生间的上下水管道外,每个房间的暖气管道也容易出现问题,由于管道安装不易检查,因此所有管道施工完毕后,一定要经过注水、加压检查,没有跑、冒、滴、漏才算合格。

④ 暗埋线路暗藏险情。目前许多居室都采用暗埋线路,按规定,暗埋线路不能直接埋入抹灰层,而要在电线外面接套管。套管中的电线安装时,一定要严格遵守"火线进开关,零线进灯头,左零右火,接在地上"的规定。施工完毕后,除了要通电检查外,还要向施工队索要详尽的电路配置图。

⑤ 涂漆前基底清理不净,造成涂料起皮、脱落。在对墙壁进行涂饰前,必须将原有墙壁铲除干净,更不能留下油污,墙面上涂的腻子要与墙壁结合密实、牢固、不起皮、不粉化、无裂纹。

## 21. 结构改造

房型不合理需要改造,想让房间更大一点?拆墙是个主意。不过,墙并不是随随便便可以拆的,先要分清楚承重墙和非承重墙的区别,还要经过物业的批准。

房间结构是主体框架,关系到抗震等级和使用安全。

(1)什么结构不能拆?

承重墙、阳台的半截墙、梁柱、嵌在混凝土中的门框、墙体中的钢筋是千万不能拆的。

(2)怎么辨别承重墙?

承重墙承载着房屋的基本结构,以砖和钢筋混凝土为主要材料,厚度在240 mm 以上,用拳击打声音沉闷、无空鼓声,是禁止拆除、改动的。

划分室内空间的隔断为非承重墙。墙体较薄,主材是石膏板、水泥薄板、砖体等,敲击时有空鼓声,可拆除移位。一般开发商提供的建筑结构图上,会将承重墙标注清楚,可以根据图纸判断。

(3)还有什么要改造的?

电路:房龄较长、设施陈旧的二手房要重新设计电表容量、更换电线,以免电线老化或过载引发事故。

新房根据需要适当增补即可。

旧房门窗套也是需要改造的,木制门窗套起皮变形,钢制门窗套漆膜剥落、锈蚀或开裂,这些应拆掉重做。

当然,卫生间施工容易破坏原有防水层,应注意保护。如果防水层被破坏,必须修补或重做。

另外要注意承载量,房屋大幅度加重,超过承载能力的话会造成结构损伤。

尽量用轻型建材。

最后提醒业主:拆改墙体要先和物业沟通,获得允许才能施工。

### 22. 安全排线方法

装修时如果电路施工不当可能发生危险,很容易发生触电事故,甚至引发火灾。

(1)强电的布置

① 电线的分类。电线主要分为:照明线、插座线和空调线。原则上现在新建的房屋,电线的质量都是合格的,所以一般没有重新排线的必要。因此,电线部分只要根据需要增加和延长就可以了。

② 电线的适用范围。一般来说,单芯线 1.5 平方电线,用于灯具照明;单芯线 2.5 平方电线,用于插座;单芯线 4 平方电线用于 3 匹(1 匹的制冷量大致为 2 000 大卡,即 2 324 W)以上空调;单芯线 6 平方电线用于总进线,双色线用于接地线。

现在的新房其空调线都是排好的,因此,一般情况下空调线不用增加。另外浴霸的电线也要用插座线,也就是 2.5 平方的,4 平方的最好。

③ 线管的分类和适用范围。除了电线本身之外,穿电线的 PVC 管也是需要格外注意的。

线管的质量一定要有保证,检验方法是放在地上用脚踩,最起码不能被轻易踩坏,这是最基本的要求。

现在的 PVC 管一般有 6 分(即管径为 19.05 mm)和 4 分(即管径为 12.7 mm)两种。如果条件允许都使用 6 分的,并且在预算中注明。4 分的管子只能穿 1.5 平方的照明线,而且一根管子最多只能穿 3 根电线。6 分管子可以穿 2.5 平方的电线,一根管子中最多只能穿 3 根 2.5 平方的电线。这些都是宝贵的施工经验,千万不可马虎。

电线穿在 PVC 管子里有两个好处:一是对其进行保护和绝缘;二是能保证以后的方便维修。试想一下,当隐蔽工程都做好以后,万一某根电线出了问题,就可以通过 PVC 管把电线抽出,再换一根好的即可。如果 PVC 管中穿了过多的电线导致拉不动,维修也相当困难。

另外 PVC 管子对接时都要使用接头,同时要用胶水接牢。而且 PVC 管和电线盒之间的连接一定要使用专用的套子套住,千万不可用 PVC 管和电线盒直接对接。

④ 排线正规的操作规范是:先排 PVC 管,把管子都接好之后,再把电线穿入,尽量避免边穿电线边接管子。

市场上常用的 PVC 管品牌有日丰、金牛、中财等。

（2）弱电的布置

① 弱电的分类：弱电线路有电话线、网线、有线电视线、音频线、视频线、音响线等。

② 弱电的排法：与强电大致是一样的，需要穿 PVC 管，以线的截面不超过 PVC 管截面的 40％为宜。再强调一点，千万不可管内穿线太多。强电和弱电绝对不能穿在同一根管子里，要尽量分开，强电和弱电之间的距离至少保持 50 cm，否则会有干扰。

条件允许可以用网线代替电话线，就是电话线和网线都用网线来排。因为网线有 8 根线，电话用到其中的 2 根，可以有效减少意外断线的发生，而电话线出故障的概率相对较高。

（3）电线的安装注意事项

首先，要确保布线规范，注意保护电线，固定线路要穿线管，16 mm 线管最多穿 3 根线，一条线路里尽量不要有接头，接头处要刷锡。

其次，线接入电器箱时要避免碰线，以免发生危险，用电量较大的电器应采用单独线路。

最后，要注意的是，强、弱电线要距离 50 cm 以上，避免干扰。

### 23. 电工电料的选购及常识

（1）电线的常识

电线可以很长，但线路一定要选好；电线可以很多，但质量一定要有保证。生活中电线的作用不可替代，因此电线的选购和安装相当重要。

① 电线的选择：

a. 看外观。合格产品其绝缘（护套）层柔软、有韧性和伸缩性，表面层紧密、光滑、无粗糙感，并有纯正的光泽度。

b. 绝缘（护套）层表面应有清晰并耐擦的标志。非正规绝缘材料生产的产品，绝缘层有透明感、发脆、无韧性。

c. 看绝缘层。国家标准对电线绝缘层的均匀度最薄点、平均厚度有明确的规定。正规电线绝缘层厚度均匀，不偏芯，并紧密地挤包在导体上。

d. 看合格证。标准的产品合格证上应标明制造厂名称、地址、售后服务电话、型号、规格结构、标称截面（即通常说的 2.5 平方、4 平方电线等）、额定电压（单芯 450/750 V，两芯保护套线 300/500 V）、长度（国家标准规定长度为 100 m ±0.5 m）、检验员工号、制造日期以及该产品的国家标准编号或认证标志。

e. 特别指出的是，正规产品所标明的通常说的单芯铜芯塑料线其型号为

227 IEC01(BV),而并非 BV,请业主注意认明。

　　f. 看线芯。选用纯正铜原材料生产并经过严格拉丝、退火（软化）、绞合的线芯,其表面应光亮、平滑、无毛刺、绞合紧密度平整、柔软有韧性、不易断裂。

　　② 电线分类:

　　a. 单芯电线;

　　b. 电话线(4 芯);

　　c. 电脑线(8 芯电脑线);

　　d. 电视线(宽频、有线)。

　　③ 电线常规尺寸:

　　1.5 平方(单、双色);2.5 平方(单、双色);4 平方(单、双色);6 平方(单、双色)。

　　④ 电线颜色:

　　颜色有红、黄、蓝、绿、白、黑和双色线。

　　红色的电线是火线。其他颜色的电线是零线。接地线用黑色或黄绿相间的双色电线。

　　⑤ 电线质量的鉴别:

　　a. 看商品标签。

　　正规厂家生产的电线,每捆的透明包装纸下都会有合格证,合格证上的内容应包括:厂名厂址、认证编号、规格型号、电线长度、额定电压等。而劣质产品的标签往往印刷不清或印制内容不全。

　　b. 看塑料外皮。

　　正规电线的塑料外皮软且平滑,颜色均匀。其表面印有产品合格证上的数项内容,如:规格型号、厂名厂址等,同时字迹清晰,不易擦掉。

　　c. 看铜丝。

　　购买时可以削掉一小段塑料外皮,查看一下里面的铜丝。用掌心轻触铜丝的顶端,感觉应平整,无刺痛感,手感较为柔软。正规电线的铜丝颜色是光亮偏红,而劣质铜丝的色泽偏黑,硬度较大。

　　d. 看电线长度。

　　对于电线长度问题,可以先数一下圈数,再量一下每圈的长度,两个数相乘,得出来的数字就是实际的电线长度。

　　徐州市场上常用的电线品牌有:无锡远东、铜山淮塔、上海飞雕等品牌,市场口碑较好。

　　(2) 开关插座的常识

　　选购开关插座要看六个方面:

　　第一是看外观。

好的开关插座表面平整光滑,无毛刺,用进口 PC 料做成;差的色泽苍白,质地粗大,阻燃性差,有火灾隐患。

第二是凭手感。

好的开关拨动轻巧不紧涩,弹簧硬,开关有力度;差的开关弹簧软,容易卡在中间,面板摸起来有薄脆的感觉。好的插座插孔有保护门,单脚无法插入,插入时注意要保持平衡,插拔需要一定力度。

第三是看重量。

好的开关插座用铜片,越厚,越重,越好;差的用合金或薄铜片。

第四是看选材。

好的开关插座面板是绝缘材料,可以通过燃烧实验进行鉴别,好的面板离开火的外焰时无火苗;差的则是继续燃烧。

第五是看面板。

好的开关插座其面板一般需用专用工具才能取下;差的可用手轻易取下。

鉴别方法:用食指、拇指分别按住面盖对角,一端按住不动,另一端用力按压,面盖松动下陷则较差,没有松动下陷现象则较好。

第六是听声音。

好的开关按键声音轻,手感顺畅,节奏感强;差的声音不纯,动感涩滞,有中途间歇状态。

群内业主满意的开关插座品牌有:博顿开关、公牛插座、飞雕电器、西蒙电气。

### 24. 水路改造

隐藏在墙面里的水管,看不到摸不到,要是出了问题该怎么办呢?不想让平整的墙面因为维修开上一道道"伤疤",就应该在隐蔽工程时就做好准备,下面介绍水管的布置。

(1)水管的分类:水管的选择有很多,比如 PPR 管、PB 管、铜管、铝塑管、PVC 管、铁管等等。事实上,从各种因素考虑,PPR 管是非常理想的选择。原因是好的 PPR 水管质量可靠,完全可以和铜管相媲美;而且价格比较容易接受,比铜管低很多;最重要的一点就是不会影响身体健康,其不会产生铁锈和铜锈。PPR 水管知名度较高的品牌有皮尔萨、伟星、日丰、金牛等品牌。

(2)水管的规格:水管应选用 6 分的。有的 PPR 水管有冷水管和热水管之分,主要是管壁的厚薄有区别,建议业主使用热水管来排,管壁比较厚,质量更好,而价格不会高太多。

在铺设水管前,业主一定要和工人做好充分沟通,以免在延长水管上引起纠纷。

这里需要强调一点，一旦发现水管被无故延长了，一定要工人纠正。因为这会影响使用效果，尤其是热水的使用效果，热水管排得太长，热水达不到设计要求，完工后再改非常麻烦。

（3）水管的走法和加压实验：水管建议沿着墙顶布置，用吊顶等来修饰。排好水管后的水管加压测试也是非常重要的，测试时，业主要在场，而且测试时间至少为 30 min，条件许可时最好为 1 h。1 MPa 加压，最后没有任何压力减少方为测试通过。

（4）水管的施工规范：水管需要固定，这样可以最大限度地减少水流的声音。

水管和煤气管尽量少用接头。直管必须用完整一根的，以减少隐患。一定要接头的地方，比如弯管处，必须使用厚白漆，不使用生料带。在安装完煤气管，验收完毕之后，可以要求工人在所有的接头部分的外面涂上一层厚白漆，做到万无一失。

提醒：水管尽量走顶不走地，走顶吊顶安全系数高，一旦发现问题，容易检修，挑开顶棚就能发现渗水原因。走地可以节省管线，但会留下隐患。

群内业主满意的水管品牌有：皮尔萨、伟星、日丰、金牛。

## 25. 供水管件管材

（1）PPR 水管优缺点：

PPR 水管的优点有：经济、无毒、质轻、耐腐蚀、不漏水、不结垢、可靠度高、性价比也较高。

缺点是：耐高温性、耐压性稍差、长度有限，如果管道距离铺设长或转角处多，就要用到大量接头，配件价格较高。

（2）PPR 水管的规格方面，主要有两个指标：

① 管径，范围从 16 mm 到 160 mm 不等，家装中常用的是 25 mm 的 6 分管；

② 管壁厚度，常用的为 2.8 mm 厚的冷水管，以蓝色线标识，4.2 mm 厚的热水管则以红色线标识。

（3）PPR 水管的组件：

家装常用的 PPR 水管组件有三种：束节是当管道不够长时，用来连接两根管道的；弯头分直角弯与 45°弯，当水管需拐角时使用；三通则用于连接三个方向的水管。此外，还有内丝和外丝用来连接龙头、水表和其他类型水管。家装中常用的是内丝件，绕曲弯是在两根水管于同一平面相交，而不对接时使用的。堵头也叫闷头，水管装好后用来暂时封闭出水口，装龙头时取下。截止阀也叫球阀,用于启闭水流。

（4）水管选购与安装：

① PPR 水管选购的注意事项：

第一是外观,优质管采用 100％进口 PPR 原料,外表光滑,标识齐全,配件上也有防伪标识。第二就是韧性,好的水管韧性也好,可轻松完成一圈而不断裂,劣质水管较脆,一弯即断。第三要注意热胀冷缩,好的水管在 90 ℃水温下仍可保持硬度,劣质水管在 60 ℃水温下就被软化。第四是使用寿命的长短,优质产品质保 50 年,劣质产品仅 5～6 年。

② PPR 水管安装规范：

第一,使用带金属螺纹的 PPR 管件时,必须用足够多的密封带,避免螺纹处漏水;

第二,管件不要拧得太紧,以免出现裂缝导致漏水;

第三,管道两端 4～5 cm 处最好切掉;

第四,冬季施工时,应避免踩压、敲击、碰撞、抛摔管道;

第五,安装后必须进行增压测试,试压时间 30 min,打到 8～10 公斤(1 公斤＝0.1 MPa),不渗不漏;

第六,水管最好走顶部,便于检修,若走底下,漏水不易发现。

另外,如发现墙漆发霉出泡,踢脚线或木地板发黑且有细泡,顶棚及走管墙砖部位阴湿渗水等情况,应尽快检查管道。

## 26. 地漏

地漏是连接排水管道系统与室内地面的重要接口,作为住宅中排水系统的重要组成部件,它的性能好坏直接影响室内空气的质量,对卫生间的异味控制非常重要。地漏虽小,但要选择一款合适的地漏需要考虑的问题也很多。

（1）地漏用途有专属

地漏从使用功能上分为:普通地漏和洗衣机专用地漏两种。

洗衣机专用的地漏中间有一个圆孔,可供排水管插入,配有可旋转的盖板不用时可以盖上,用时旋开,非常方便,但防臭功能不如普通地漏好。在这里建议房间中尽量少设置地漏。目前也有一些地漏是两用的。

（2）材质选择有讲究

地漏从材质上分主要有:不锈钢地漏、PVC 地漏和全铜地漏三种。

由于地漏埋在地面以下,且要求密封性好,不能经常更换,因此选择适当的材质非常重要。其中全铜地漏因其具有优秀的性能,开始占有越来越大的市场份额。

不锈钢地漏因其外观漂亮，在前几年颇为流行，但不锈钢造价高，且镀层薄，时间久了也会被腐蚀。

PVC 地漏价格便宜，防臭效果也不错，但是材质过脆，易老化，尤其北方的冬天气温低，用不了太长时间就需要更换，因此市场前景也不看好。

目前市场上最多的是全铜镀铬地漏，它镀层厚，即使时间长了生铜锈，也比较好清洗。

（3）防臭地漏的比较

除了散水畅快外，地漏防臭是最关键的。现在市场上的地漏基本上都具有防臭功能，根据防臭原理、设施、方式的先进程度，价格也不尽相同的，在选购时应根据自己的需要进行选择。

按防臭方式地漏主要分为三种：水防臭地漏、密封防臭地漏和三防地漏。

水防臭地漏是最传统也是最常见的。它主要是利用水的密闭性防止异味的散发，在地漏的构造中，储水弯是关键。这样的地漏应该尽量选择储水弯比较深的，不能只注重外观。按照标准，新型地漏的本体应保证的水封高度是 5 cm，并有一定的保持水封不干涸的能力，以防止臭气泛出。现在市场上出现了一些超薄型地漏，非常美观，但是防臭效果不是很明显，如果卫浴空间不是明室，那么最好还是选择传统一些的地漏。

密封防臭地漏是指在漂浮盖上加一个上盖，将地漏密闭起来以防止臭气散出。这种地漏的优点是外观现代前卫，缺点是使用时每次都要把盖子掀开，比较麻烦。最近市场上出现了一种改良的密封防臭地漏，在上盖下装有弹簧，使用时用脚踏上盖，上盖就会弹起，不用时再踏回去，相对来说方便多了。

三防地漏是较为先进的防臭地漏。它在地漏体下端排管处安装了一个小漂浮球，日常利用下水管道里的水压和气压将小球顶住，使其与地漏口完全接触闭合，从而起到防臭、防虫、防溢水的作用。地漏虽小，但家庭装修必不可少。在选购地漏的时候，建议业主选择性价比较高的品牌。

目前市场上的地漏品牌有：九牧、潜水艇、辉煌、日丰、邦哥等。

**27. 防水处理**

家装防水是一项隐蔽工程，绝对不容忽视。就家装而言，防水范围主要包括厨房、卫生间、阳台、露台及容易受潮墙面等。防水不当所导致的渗漏、发霉等问题将严重影响生活。在家装行业中，一般的保修期限是 2 年，但是国家专门规定防水的渗漏问题保修期为 5 年，足见防水工程的重要性。

（1）主要类别

市面上大多数的防水材料属于水溶性材料，属于环保范畴。主要分为四类：① 聚氨酯类；② 丙烯酸类；③ 聚合物水泥类；④ 水泥灰浆类。目前市场上最受欢迎的防水涂料是高分子聚合物类防水涂料。

（2）防水施工中的关键步骤

什么地方需要进行防水保护？什么时候开始进行防水工序？施工过程中如何使用防水产品呢？下面进行介绍：

① 地面处理。在进行防水处理之前，一定要先做地面找平。如果地面没做找平，或做得效果不好，可能造成因防水涂料厚薄不均而产生开裂渗漏。地漏、墙角、管根等接缝处推荐使用高弹性的柔韧型防水涂料涂刷到位，这是由于卫生间的墙与地面之间的接缝以及上下水管道与地面的接缝处可能会有位移容易渗水。

② 墙面处理。一般情况下，墙面处理要做大约 30 cm 高的防水涂料，以防积水渗透墙面泛潮。如果卫生间的墙面是非承重的轻体墙，那么就要将整个墙面全部涂上防水涂料。若卫生间中有淋浴房，相连的两面墙也要涂满；如果是浴缸，与浴缸相邻的墙面涂刷防水涂料的高度要比浴缸上沿高出 30 cm；淋浴房后要做到 180 cm。

③ 蓄水试验。在防水工程做完后，封好门口及下水口，在卫生间地面蓄满水达到一定液面高度，并做上记号，24 h 内液面若无明显下降，且楼下房顶没有发生渗漏，防水工程为合格。如验收不合格，防水工程必须整体重做后，重新进行验收。

提醒：一般卫生间在做防水时要做两次，也就是回填前做一次，回填后再做一次。通常情况下，卫生间的防水工程最少要做到 1.8 m 的高度，厨房要做到 0.6 m 的高度。

目前市场上的防水材料品牌有很多，主要品牌有：东方雨虹、雷邦仕、牛元、德高、立邦、汉高、依莱德等。

群内业主满意的品牌有：东方雨虹、雷邦仕、德高、马贝、西牛。

## 28. 常用辅料

（1）水泥、砂浆

① 如何选购水泥？

建议选择 425 或 325 号硅酸盐水泥。其包装应用覆膜编织袋，否则易潮、易破损，标识应清楚、齐全；水泥正常颜色为灰白色，杂质过多颜色会较深或有变化，强度低的色泽会发黄发白；用手指捻水泥粉末，应颗粒细腻，无受潮结块。

徐州家庭装修通常采用本地生产的"大巨龙"水泥，也就是原来的淮海水泥厂生产的。

记住：水泥是有保质期的，超过出厂日期 30 天强度可能开始下降。

② 接着要选砂。

砂应选中砂，太细的砂吸附能力不强，不能产生较大摩擦力而黏牢瓷砖，还可加入添加剂来增强黏力和弹性，不能用 107 胶，可用白乳胶，其性能更好，但价格较高。

③ 要买多少添加剂呢？

水泥砂浆一般应按水泥：砂＝1：2（体积比）的比例来搅拌，再加入 40％的添加剂。

（2）瓷砖胶

瓷砖胶又称陶瓷砖黏合剂，主要用于粘贴面砖、地砖等装饰材料，广泛适用于内外墙面、地面、浴室、厨房等建筑的饰面装饰场所。其主要特点是黏结强度高、耐水、耐冻融、耐老化性能好及施工方便，是一种非常理想的黏结材料。

为什么要用瓷砖胶粘贴瓷砖，而不用水泥粘贴瓷砖呢？传统的瓷砖湿贴法是利用水泥作为瓷砖粘贴胶，用白水泥作为勾缝剂。但更多的事实证明：使用传统的水泥膏粘贴瓷砖，即使是小的瓷砖、瓷片，还是会有空鼓和掉落的风险，而逐渐被广泛使用的大型抛光砖、石材，用水泥粘贴出现脱落的情况就更多了。

那么，家庭装修中该如何使用瓷砖胶呢？

① 将瓷砖胶与清水按 3.3：1（25 kg/包，约配 7.5 kg 水）用电动搅拌器搅拌成均匀、无粉粒膏糊状，待胶浆静置 10 min 后再搅拌一下可增加强度。

② 用齿型刮板将胶抹于工作面上，使之均匀分布，每次约抹 1 m² 左右，然后将瓷砖揉压上即可。

③ 如粘贴背面沟较深的瓷砖或石材，除工作面抹浆外，还应在瓷砖背面或石材背面抹浆。

④ 瓷砖胶可用于旧瓷砖面或旧马赛克面直接粘贴瓷砖。

市场上常用的瓷砖胶品牌主要有：德高、汉高、朗凯奇、快可美、青花瓷、欧盼等。

（3）腻子

涂装行业有一句行话："三分涂料，七分腻子"。意思就是指面层涂料所起的作用只占质量的三成，而基层材料所起的作用则占到七成。一般来说，刮腻子（俗称刮大白）所起的作用主要是使墙面牢固、平整与光滑，是整个墙面装修的根基。在此基础上，面层材料（乳胶漆、壁纸、硅藻泥）所起的作用主要是"着色"，即赋予表面色彩，起到美化装饰作用。因此，在对墙面进行装潢时，除了注意选择面漆料外，更重要的是选择优质腻子。

① 市场现状：

目前，家庭装修施工中使用的腻子主要分两种：一种是采用本地的奇龙胶、广州高士快能特熟胶粉、山东平度的滑石粉和老人头石膏粉等混合而成的腻子，而且使用范围很普遍；二是整体袋装的品牌腻子粉，一种材料就可以了。目前，市场上使用量比较大的腻子粉品牌有：北京美巢、多乐士、立邦、优易涂、虚竹、爱上蔷等。

② 如何选购腻子？

首先应根据自己的实际需要选购一般型腻子（Y 型）或者是耐水型腻子（N 型），正常墙面建议使用优质耐水型腻子，可以做到一劳永逸。腻子层返工不如面漆层容易，一旦腻子层出现问题，需要根除、铲掉，非常麻烦。

其次，购买成品腻子时，应当确保其有良好的包装，包装上应注明产品的执行标准、重量、生产日期、包装运输或存放注意事项、生产厂家质检员出具的产品检验合格证。为了自己的健康，建议少买或不买需临时调配的非成品腻子。市面上大量铺开的腻子不一定是好腻子。

整体成袋的腻子一定要选用质量优、有环保认证的知名品牌。

（4）熟胶粉

滑石粉中加入 801 胶和熟胶粉主要用于粉刮腻子，俗称刮大白。熟胶粉主要作用是增加黏稠度、保水性，易施工，防止基层开裂，增加附着力等功能。加入熟胶粉的腻子一般不用于底层腻子，而是外层腻子，利于打磨，不是用来做界面剂的。

熟胶粉不仅起到黏结作用，而且比较环保，易于施工工程中的反复批灰，使批灰趋于均匀、平整。普通的墙面批灰装饰是可以不加入熟胶粉的，直接以胶水调和腻子批灰，该施工方式不易于打磨平整。一般高档性墙面批灰装饰要求平整，批灰后需要打磨平整，如果不加入熟胶粉不易于打磨，不能达到装饰平整的效果。

目前国内较环保的熟胶粉，建议购买广州高士实业公司生产的各种系列熟胶粉，如高士快能特。

（5）墙固和地固

① 墙固

墙固是墙面固化胶，是 108 胶、界面剂的代替品，是一种绿色环保、高性能的界面处理材料。它具有优异的渗透性，能充分浸润墙体基层材料表面，通过胶联使基层密实，提高界面附着力，提高灰浆或腻子与墙体表面的黏结强度，防止空鼓。它适用于砖混墙面抹灰划批刮腻子前基层的密实处理。墙固可以改善光滑基层的附着力，是传统建筑界面剂的更新换代产品，也适用于墙布和壁纸的粘贴，由于涂布方便，胶膜薄，初黏性适宜，特别适宜墙布和壁纸的粘贴平整，不易产生死褶和鼓包；也可用于基面"造毛"。

墙固具有优异的渗透性，能充分浸润基材表面，使基层密实，提高光滑界面的附着力。墙固无毒、无味，是绿色环保产品。

② 地固

地固是一种专门用于水泥地面上的涂料，适用于家庭装修或工程装修初期水泥地面的封闭处理，防止出现跑沙现象。地固耐水防潮，也可以避免木地板受潮气侵蚀而产生变形，同时避免日后从地板缝隙中"扑灰"。

地固不含甲醛等有害物质，是绿色环保产品，对人体无害。由于防尘作用很好，建议装修初期即用，防止出现跑沙现象。

市场上常见的墙固和地固品牌主要有：北京美巢、多乐士、立邦、快可美、西牛、虚竹等。

（6）石膏线

目前市场上的次品石膏线非常多，选择好的石膏线通常应注意以下几点：

① 看品牌在市场上有没有一定的知名度。

② 看包装是否正切清爽，线条边角是否厚薄均匀。

③ 打开包装看花纹是否清晰，表面是否光滑无气孔。

注意事项：

① 线条装修一定要选好品牌，好的石膏线很少有质量问题，不会带来后顾之忧。

② 有些业主装修时为了省钱，购买了质量差的石膏线导致后来变霉脱落，影响整体效果。

市场上主要优质品牌有：武汉菲尔、华美佳特、上海银桥等。普通的如老人头等。

石膏线的价格与石膏线的宽度、花型的复杂程度都是有关系的，最简单的素色石膏线 7 cm 宽的是 7 元/根左右，品牌的每根 20 多元。

群内业主满意的石膏线品牌有：武汉菲尔、华美佳特、老人头等。

（7）石膏板

纸面石膏板品牌繁多，选购时一定要看质量。对于不太懂的建议购买大品牌的产品，其质量比较有保证。在用量少、价差又小、自己又不太懂的情况下，最好购买同类产品中最好的；在用量比较大的情况下，更应认真选购。选购纸面石膏板应注意以下几点：

① 检查外观质量，纸面石膏板的正面不能有油渍或水印。

② 纸面石膏板正面表面平整光滑，不能有气孔、污痕、裂纹、缺角，不能有较多和较深的波纹状沟槽和划伤等。

③ 检查护面纸与板芯黏结度。随机找几张板材,用壁纸刀在纸面石膏板表面上划一个"×",然后在交叉的地方撕开纸面,如果撕的地方护面纸没出现石膏板芯裸露,表明板材的护面纸与石膏芯黏结良好;如果撕的地方护面纸与石膏芯层间出现脱离,石膏板芯完全裸露出来,则表明板材黏结不良。在纸面石膏板的端头露出石膏芯和护面纸的地方用手揭护面纸也是可行的。

④ 在市场上一般劣质的纸面石膏板会比优质的纸面石膏板重些,这个要在相同厚度的条件下掂量对比单位面积的质量。

⑤ 检查厚度。尤其是对大宗采购者来说,在选购纸面石膏板时一定要检查其厚度,看是否达标。

⑥ 看标志。选购大品牌的产品时,在每一包装上,应该有产品的名称、商标、质量等级、制造厂名、生产日期、产品标记等。购买时应重点查看质量等级。装饰石膏板的质量等级是根据尺寸允许偏差、平整度和直角偏离度来划分的。

纸面石膏板一般主要有三种:普通纸面石膏板、耐水纸面石膏板和耐火纸面石膏板。在购买时应考虑选择合适的一种,如果在一定潮湿环境中使用,就应该选购耐水纸面石膏板。

市场上的主要石膏板品牌有:圣戈班、拉法基、可耐福、拜尔、龙牌、泰山等。

## 29. 暖气片

上房后,许多家庭都要更换家中的采暖散热器(俗称暖气片),那么,究竟该如何选购合适的暖气片呢?安装暖气片时又需要注意哪些事项?下面谈谈暖气的问题。

不同材质的暖气片散热效果不同,目前常用的暖气片以钢制板式和铜铝复合为主。钢制板式暖气片散热效率较高,造价相对铜铝复合暖气片略低;铜铝复合造价稍高,但使用寿命相对长一些,外形也较为美观,可根据家里装修位置做尺寸调整。因此,在选购暖气片的时候首先要注意材质,如果经济条件允许的话尽量选择较好品牌的暖气片。

采暖系统的水压基本都在 0.4 MPa 以上,暖气片未安装好导致漏水,有可能造成惨重的损失,因此暖气片的安装与暖气片的质量是非常重要的。

从各方面考虑,安装暖气片应按照下面的程序进行:

第一步:先与暖气片购买商家的技术人员共同进行实地测量,对暖气片的型号、片数、进出水方式和具体的安装位置进行确定,技术员会依据实际情况并与业主沟通,来确定暖气片的组数、型号、每组片数和安装位置,然后和销售商签订暖气片购销合同。

第二步:业主与暖气片施工方签订施工协议,以降低施工风险和保证质量。

施工方一般在施工协议上标注，暖气系统的施工最少一个月，保修期为 2 个采暖季。

第三步：暖气片安装的工程施工。暖气片的安装可以划分为两个步骤：一期和二期工程。暖气一期工程包含暖气设备的定位、开槽、集分水器的安装、管道连接、布管、打压测试等；二期工程包含暖气片的安装、整个采暖体系加压检测和暖气片的调试等。

提醒：墙壁改造后进行暖气一期工程施工，在水电施工前后并且一定要在其他装修施工前开工。暖气一期工程没有完成也没有经业主检验签字通过前，其他装修工序绝对不允许施工。

还有重要的一点是要追求美观。在暖气安装时，暖气主管与暖气片连接的支管必须暗埋入地坪下和墙内，温控阀门只能在与暖气片连接时看到。为了省事，一些暖气工程施工者将准支管直接从地下露出地面与暖气片连接，这样导致有两根管子露在外面，不但达不到美观的效果而且容易被碰坏。要根据业主所定的暖气片的片数、片间接距、单片宽、进出水方式和接口中心距进行管道固定和封槽，要求尺寸要留准确，否则会影响后期的暖气片安装。暖气片安装是影响室内供暖效果的关键环节，一般都是安装在有利于室内采暖的位置，这样能保证空气对流和室内温度在各地方相对均衡。一旦管道、暖气片挪动，容易发生漏水现象，造成不必要的损失。因此，业主应选择专业、规范、售后服务有保障的公司进行施工。同时在安装的过程中要严格按照开发商提供的设计图纸进行安装，不可随意改变安装位置。

建议业主在选购暖气片的时候，一定要考虑品牌的综合优势，如生产厂家的实力是否雄厚、安装工人是否专业和敬业、施工合同是否规范、售后服务有无投诉，甚至负责人的人品如何等。

目前，市场上的散热器品牌大大小小有 200 多个，质量和服务水准差别较大，考虑到每年在各级消协暖气的投诉率一直居高不下，而且暖气一旦出现质量和透水事故所造成的损失较大，因此建议：一定要选择口碑好的品牌和放心消费单位。

综合考虑质量和口碑，建议选购的品牌有：森德、金亨通、堂吉诃德、奥尼德等。

## 30. 地暖

作为目前最常见的家庭供暖系统，地暖与暖气片采暖有着许多共同点，但不同之处也是显而易见的。地暖好还是暖气片好，一时间众说纷纭，其实，这两大系统并不存在谁好与谁不好的说法，只是适合不适合的问题，适合的就是最好的。以下简要介绍一下地暖：

（1）地暖的优点

① 输送过程热损失小，热效率更高。

② 温度均匀，由下而上逐渐递减，符合脚暖头凉的说法。

③ 储热量大，在间歇供暖条件下热稳定性更好。

④ 安装隐蔽，便于装修和家具布置，增加使用面积。

⑤ 可灵活控制各个区域的温度。

⑥ 环保卫生、隔音保温、使用寿命长、安全系数高。

（2）地暖两种常见的方式

一种是低温热水辐射采暖，又叫水暖，是以低温热水为热媒，通过地下铺设的专用地暖管道将地表加热，以整个地面作为散热面，均匀地向室内辐射热量。它的特点是：热感舒适、热量均衡稳定、节能、免维修、方便管理，适用于大面积、长时间采暖。

另一种是低温发热电缆辐射采暖，也叫电暖，是由铺设于地下的发热体（如发热电缆、电热膜等）、温度传感器和安装于墙面的电子温控开关组成，发热体通电运行后产生热量，加热地板来提高室内温度。它的特点是：铺设灵活、加热快、温度调节方便，但使用成本较大，适合小面积使用。

① 水暖

水地暖中，管材的选择面较广，各有各的优缺点，因此，业主们应根据整体预算和总体配置挑选合适价位的产品。

第一种是铝塑复合管。其抗内、外压能力好，强度高，防氧化腐蚀性能好，不回弹，易成形，但价格偏高。主要代表品牌：佛山日丰。

第二种是PB管。又称软黄金，长期耐温耐压性能好，透氧率高，柔软，易弯曲，易施工，但价格也较高。主要代表品牌：浙江伟星。

第三种是PE-XC管。它的优点是长期耐温耐压性能较好，价格低，是主流管材。目前，PE-XC管是欧洲地暖管的主流。主要代表品牌：佛山来保利。

第四种是PP-R管。它能熔接，价格较低，但比较厚，不易弯曲，回弹较大。主要代表品牌：土耳其皮尔萨、浙江伟星。

第五种是PERT管。它在低温下仍可保持高弹性；重量轻，柔韧性好，可盘管使用；热传导性好；安装简易，连接方便；具有优异的抗冲击性，受冲击后可很快恢复原状；一旦出现渗漏，管子可以热溶修复。主要代表品牌：武汉金牛、上海瑞好。

此外，管材是否适合，家中水质也是一个重要因素，在选择前可以先听听行家的建议，使用中要避免温度和压力过高，以及暴晒和外伤。

水地暖的保温层通常有发泡水泥和挤塑板两种。一般来说:挤塑板的导热系数、保温性能和吸水率优于发泡水泥。而发泡水泥比较环保,不会发生沉降。如果需要砸低地面,而楼下邻居还又没装修的话,可以采用发泡水泥。如果能采用白色的挤塑板的话,是比较理想的。

根据徐州市场多年的品质和口碑反馈,欧博诺地暖、来保利地暖、百信暖通火柴地暖、伟星地暖、日丰地暖、金牛地暖、瑞好地暖都可以优先选择。

建议选购的品牌有:来保利地暖、保利地暖、金牛地暖、伟星地暖等。

② 电暖

电暖的核心部分是发热电缆,该如何挑选呢?

首先看外观。好的发热电缆最外层为 PVC 或 PE 环保保护套,呈天蓝色、红色或黑色,表面光滑,商标、型号、接头位置喷印在电缆正反面;差的则是表面不平,粗细不匀,字迹模糊不清。

其次看屏蔽层。它可以有效屏蔽掉电场辐射,同时起到漏电保护作用,好的线径不小于 6 mm,差的则屏蔽层起皱、断裂、包裹不紧,甚至没有屏蔽层。

再次看发热芯线。好的发热电缆芯线在电线中心位置,且选用合金材料,为多绞合结构;芯线如不在中心位置则说明质量差,材料为铜或非合金。

最后看接头。发热电缆的寿命取决于接头,接头分外置式与内置式,外置式工艺复杂,进口产品中较常见。接头不应在现场简单连接。发热电缆的检测应为冷热线及接头一体检测,应在接头位置设明显标志。

此外,温控器也很重要,一般有两种温控器:地感温控器是控制地面温度的,可保护电缆,温控范围为 30～60 ℃,但与房间温度不对等;另一种空感温控器是控制房间实际温度的,温控范围 5～30 ℃,节能但不能保护电缆。

### 31. 壁挂炉

壁挂炉作为新型采暖方式的主流产品,其以效能高、调控灵活等优势,逐渐成为家庭独立供暖设备的首选。采暖壁挂炉不但能为温馨的居家环境提供稳定、安全的舒适温度,而且其机身小巧,使用简便,也是现代人们生活新主张和居家新时尚的突出体现。除此之外,如今的壁挂炉已集面板个性化、能源高效利用、排污更环保、供暖热水多用等众多优点于一体。下面介绍一下其优势和不足。

（1）壁挂炉概述

壁挂炉是燃气壁挂炉的简称。壁挂炉集使用水、电、气于一体,既能够提供生活热水,又能独立采暖;它是购买成本以及安装成本较高的一种取暖设备。

（2）壁挂炉优点

① 节能环保、节省费用

使用壁挂炉的用户避免了集体供热中调节困难、能量浪费的问题。它可根据需要灵活调节供热温度,部分燃气壁挂炉可接驳散热器和地暖系统,比大部分采暖方式节能约 20%。家中无人时,可将室内温度设定值调低或关闭,从而节省不必要的热消耗。

② 操控方便灵活

壁挂炉采暖采用辐射散热方式,其散热点遍布房间各个角落。用户可以灵活调节壁挂炉温度,并可实现分区温控,令用户能够自由设定房间温度以及启停时间。关闭壁挂炉后,房间依然会长时间保持在一定的温度范围内。

③ 采暖舒适

壁挂炉燃气采暖系统的循环热量采用自下而上的方式,带来的是从脚到头渐暖的感受。一些品牌还提供具备理疗功能的壁挂炉,通过远红外线导热。

（3）壁挂炉的缺点

① 要求安装与装修同步完成

燃气壁挂炉较适用于新房装修,不适合于明装,否则会存在散热片和热水管外露的问题,影响居室的整体美观性。

② 部分产品有噪声

燃气壁挂炉一般放在空间不大的厨房或阳台上,紧邻居住房间,有些产品可能会发出噪声影响用户。

③ 升温速度较慢

壁挂炉升温速度较慢,结构复杂,普通用户无法进行检修维护工作等。

（4）壁挂炉选购要点

市面上壁挂炉产品种类繁多,用户选购时应先挑选品牌并了解其使用功率。经济条件允许的话推荐购买原装进口的品牌产品,而使用功率应根据房屋面积确定。

① 选合适功率产品

根据房屋面积大小、结构以及是否需要供热水和气来选择合适的壁挂炉。可以通过房屋面积来大致计算选择哪种功率的壁挂炉,这里推荐一个计算大致功率的公式:房屋的建筑面积 $\times 65\% \times 150$ W。通常采暖面积在建筑面积的 $60\% \sim 70\%$ 之间,例如一套 150 m$^2$ 的公寓房,它的采暖面积为 $90 \sim 105$ m$^2$,根据每平方米需要供热 150 W,预计需要 15 kW 的供热功率,考虑到壁挂炉热效率一般在 90% 左右,再加上平时生活热水需求,基本上需要选择一个 $18 \sim 20$ kW的产品。

② 选优质配件产品

通过壁挂炉内的零部件配置情况来选购产品。如欧洲进口零部件质量更好，其价格也较高，一般 5 000~10 000 元，这样的产品在各方面如性能、安全与节能更有优势。

③ 选有服务优势产品

选购壁挂炉要看重品牌，品牌好质量有保障，更重要的是其售后服务有保障。一般壁挂炉使用寿命在 15 年以上，除去两年保修还有最少 13 年的收费维修保证，如果没有良好的服务"保驾护航"，出了问题只能花更多的费用更换新品。

④ 最好选带防冻功能产品

壁挂炉应具备完善的防冻功能，以防止寒冷的冬天出现故障。自动防冻功能，当水温降至 5 ℃时，壁挂炉能自动启动；或当断气后，在 5 ℃时，水泵能连续运行。

⑤ 注重产品节能性

由于使用壁挂炉的周期较长，这就需要尤为注意壁挂炉的节能性。选择一台节能效果好的壁挂炉，不但可以降低成本消耗，而且可以提升生活品质。

建议选购壁挂炉的时候，最好去专卖店选用一些口碑好的品牌。目前市场上品质较好的进口或合资壁挂炉品牌有：威能、博图、博世、依玛、贝雷塔、瑞帝安、霍博、阿里斯顿、菲斯曼、瑰嘟啦咪、八喜等；国产销量较高、产品较成熟的品牌有：万家乐、小松鼠、前锋、海顿、万和、瑞能等。

群内业主满意的品牌有：威能、博世、瑞帝安、贝雷塔、博图、前锋等。

## 32. 中央新风系统

（1）新风系统概述

新风系统是由风机、进风口、排风口及各种管道和接头组成。安装在吊顶内的风机通过管道与一系列的排风口相连，风机启动，室内受污染的空气经排风口及风机排往室外，使室内形成负压，室外新鲜空气便经安装在窗框上方（窗框与墙体之间）的进风口进入室内，从而使室内人员可呼吸到高品质的新鲜空气。

（2）新风系统的优势

① 不用开窗也能享受大自然的新鲜空气；

② 避免"空调病"；

③ 避免室内家具、衣物发霉；

④ 清除室内装饰后长期缓释的有害气体，有利于身体健康；

⑤ 调节室内湿度，节省取暖费用；

⑥ 有效排除室内各种细菌、病毒;

⑦ 超静音。

（3）新风系统的主要类型

新风系统的主要类型有:单向流新风系统、双向流新风系统、全热交换新风系统和地送风系统。根据新风系统安装环境的不同,选用的新风系统也会有所差异,只有选择适合自家的新风系统,才能达到最好的交换空气效果。

目前徐州市场上的主要新风系统品牌有:远大洁净新风系统、瑞士森德新风、美国百朗新风、法国兰舍新风(森德下属)、美国霍尼韦尔新风、日本松下新风等品牌。其中又以瑞士森德中央新风系统技术较为先进,而国内的远大洁净新风系统也正被越来越多的家庭使用。

（4）新风系统的应用范围

在有人长时间在其中活动并且通风不畅的房间,有必要使用新风系统。

归结起来,户式新风系统(采用负压通风方式)适合用在换气次数较少的公寓、别墅、婴儿房等小空间场所;对于人群密集、活动较多、换气次数较多的机房、宾馆、商场、工厂、写字楼、餐馆、银行、教室、幼儿园、医院病房等场所,最好使用新风机组,因为换气次数多,能量损失多,需要使用带热回收新风系统。

（5）新风系统的选购

① 新风系统按需选择

新风系统的实质性功能就是把室内的污浊空气和有害气体排放出去,同时往室内补充足够的新鲜空气,也就是通常意义上说的给居室换气。专家表示,安装新风系统确实可以满足人们不想开窗通风的要求,但不是每一种新风系统都可以保证"吸进来"的空气是干净的,而新风系统也不一定都需要在装修完成前安装。因此,消费者可以根据自家对于空气清洁程度的需求、经济情况以及房屋装修情况来进行选择。

② 简易新风系统的选择

不带热回收的新风系统一般称之为简易新风系统。这种系统通常属于整体系统安装,施工较为复杂,需要布管、设计安装出风和回风口、墙体打孔等。此系统比较适合在建筑物建造初期或者在房屋尚未装修之前进行设计和安装,对于已经装修好的房屋,施工难度很大。简易新风安装成本相对较低,并且易于安装,不需布置过多的管线,可以有效清除室内污染空气,补充足够的新鲜空气,实现不开窗通风。但是,因为其为不带热交换系统,所以简易新风系统在冬夏两季时进风温度与室温差别较大,不够舒适,同时也会在一定程度上增加空调(或暖气)的工作负荷。这种系统一般不带过滤器,因此不能完全消除室外噪声和灰尘,适合非寒冷地区及离马路较远的居室使用,属于经济实惠的大众产品。

③ 带热回收新风系统的选择

带热回收的新风系统则可以使进风温度接近室温,让身体感到舒适,同时对空调(或暖气)负荷影响不大,在节能方面远优于不带热回收的新风系统。同时,这种新风系统通常带有过滤器,即使不开窗通风,也能够实现降低噪声和抵御灰尘入侵的要求,此外它还可以加装加湿、除湿等装置,让室内空气感觉更加舒适。这种新风系统相对于简易新风系统会价格昂贵,简易新风系统费用大概为 60 元/m² ,而带热回收的新风系统费用在 150 元/m² 左右。

新风系统按照不同居室的需求,分不同性能和适用范围。因此,消费者在选购时,必须根据居室的需求,按需选择适合家居、别墅、高档场所的新风系统。部分新风系统设计的多款送风机系列,可以同时满足家居、别墅、高档场所等多个场所。

(6) 注意事项

① 中央新风系统的设计安装必须在居室装修之前,主机通过吊顶式(甚至放在卫生间吊顶上)安装或装入壁橱内,在房内看不到主机,使整体格局更简洁美观。选用这种设计的项目最好在建筑过程中安装完成,否则会对后期装修造成影响。

② 中央新风系统的新风主机尽量选用进口的或质量有保障的品牌产品,且应带有认证证书及检测报告。

③ 最好能选择专业的设计公司,因为设计的合理性直接影响实际使用的效果。

④ 好的中央新风系统其使用寿命较长,一般都可以与建筑同寿命,因此在选购新风产品时应一次到位,选购质量过关、符合自己需求的品牌和型号的产品。

建议选购的中央新风系统品牌有:远大洁净新风系统、瑞士森德新风。这两个品牌无论是技术还是实力均领先同行业多年,在徐州市无论是质量和服务口碑等各方面更为令人满意,并在风尚米兰、滨湖花园和阿尔卡迪亚等小区大量采用。

### 33. 中央空调

家用中央空调贵不贵? 如何选购? 什么时候安装好呢? 以下简介中央空调的优势与选购事项。

(1) 家用中央空调的优势

家用中央空调的出现是建立在人们的需求变化上的。一是一些高收入阶层的人们有意识、也有条件开始追求高品质的生活。二是家居概念的转化。现在,人们在"隔热保暖"的最基本需求基础上更在意享受家居用品的功能,更在意家居装修的和谐及个性化,并越来越把这些因素视为投入后的效益回报。三是环保意识的增强以及对身心健康的看重使人们更加关注家居用品是否"绿色"、室内温度及湿度是否均衡、室内空气是否具有健康品质,这些原因把户式中央空调推向了"前台"。

与普通的家用空调相比,家用中央空调有诸多好处。最主要的好处在于安装的简洁。目前在面积较大、房间较多的住宅中,往往需要配置多部空调,如此一来住宅外墙上空调主机处处可见,影响观瞻。住宅内也需要在每个房间的墙上安装室内机,同样影响墙面的美观。而安装家用中央空调则外墙只需安装一个主机(大小与普通家用空调主机相当),房间内则只在隐蔽处安装通风口就可以了。运行成本低是家用中央空调的另一优势。业内人士算过一笔账,购买家用中央空调的成本是每平方米150~300元。虽然比购买普通空调一次性投入高一些,但对房间较多如复式房或别墅来说,家用中央空调却比普通家用空调节省运行费用,一般比家用空调省电30%左右。

另外,家用中央空调舒适度高,比如水管式利用水系统换热,逆风温差小、风量大,房间温度均匀,同一空间的温差在1 ℃左右;噪声低,采用主机与末端分离的安装方式,保证了宁静的家居环境;寿命长,运行可靠,使用寿命长达15年左右。

(2)家用中央空调的选购

在选择家用中央空调时,必须注意以下几点:

一是选择品牌。

目前徐州市场上销售的家用中央空调品牌较多,进口或者合资的品牌有:东芝、大金、三菱、格力、富士通、日立、特灵、约克、麦克维尔、开利、伊莱克斯、三菱重工海尔等。国产品牌有:格力、海尔、美的、海信、奥克斯、志高、清华同方、扬子等,价格上占有优势。

二是选择价格。

由于产地不同、质量不同,家用中央空调的价格也存在较大的差别,比如同是建筑面积126 m²,总体报价有的相差一两倍,应根据自己预算进行选择。

三是选总代理。

一方面是市场对家用中央空调的需求量越来越大,另一方面则是部分厂家为追求利益,变总代理制为分代理制,一个品牌往往在一个城市内设有多家代理商,这在一定程度上造成了互相砸价和以次充好等不良现象的发生,也直接损害了消费者的利益,售后服务也就相应地打了折扣。

　　四是选择安装公司。

　　家用中央空调与普通家用空调在安装上有较大的区别。家用空调器,只是室内机、室外机安装,工作比较简单,厂商可以直接与用户见面并对用户负责。而家用中央空调不同,它是一个系统工程,必须根据房型的具体情况进行设计,然后施工。设计的科学性、施工质量的好坏,将直接影响到使用效果。同时,家用中央空调系统是一个隐蔽工程,应与装潢设计密切配合,才会取得良好的效果。

　　群内业主满意的中央空调品牌有:日立中央空调、格力中央空调。

# 第四章　硬装篇——厨房,卫生间

### 34. 厨房橱柜

厨房是解决一日三餐的重要"基地",而橱柜占据了厨房的大部分空间。市场上橱柜的价格从几千元到几万元不等,材质也多种多样,究竟怎样才能挑到符合自己心意的橱柜呢?下面,从橱柜的基本构成开始,一步一步地剖析橱柜,帮助业主轻松地选定适合的橱柜产品。

(1) 整体橱柜的材质选择

① 柜体常见材质:三聚氰胺板、不锈钢、瓷砖。

三聚氰胺板:防火、防潮性能好。

不锈钢:防水、防火、坚固、耐用、防渗、环保,易于打理。

瓷砖:防水、防火、耐磨、不油侵,易清洁,坚固,永不变形。

② 柜门常见材质:实木、防火板、吸塑、烤漆四大系列。

实木型:一般在实木表面做凹凸造型,外喷漆,实木整体橱柜的价格较高,风格多为古典型的。

防火板型:它是整体橱柜的主流用材。基材为刨花板或密度板,表面饰以防火板。防火板目前用得最多。

吸塑型:基材为密度板,表面经真空吸塑而成或采用一次无缝 PVC 膜压成型工艺。

烤漆型:基材为密度板,表面经高温烤制而成。烤漆工艺制作成的橱柜非常漂亮、华丽,但工艺水平要求高,不然的话容易变色,使用时也要精心呵护,避免磕碰和划痕。

③ 台面常见材质:主要有人造石、不锈钢、全瓷、防火板等几种。

防火板台面经济实惠;人造石台面性能好、性价比高;不锈钢和全瓷台面由于具有环保、坚固耐磨和易于打理等优点受到越来越多业主的青睐。

④ 橱柜五金件:主要由铰链和拉篮构成。五金件质量的好坏直接关系到橱柜的使用寿命和价格。目前很多橱柜品牌都很重视五金件的使用,比如:海蒂斯、法拉利、百隆等。

（2）整体橱柜的定做程序

整体橱柜可根据房间面积来设计造型。目前橱柜店一般都遵从下列程序：

① 先上门测量后，预付一定的测量设计费；

② 双方协商后由设计人员设计出电脑设计图；

③ 确定设计方案，按图纸施工前一般先交部分货款；

④ 出库安装时，付清全部货款。

橱柜布局根据厨房的情况可采用下列方法：单列式、对列式、L形、U形、岛式布局等。有些橱柜在设计中不仅包括了操作台、燃气灶、水盆、吊柜的位置，还设计了用餐的餐台，使业主用餐非常方便，也弥补了一些房屋中没有独立餐厅的不足。

特别提示：整体橱柜应在房屋进行整体装修设计时就要考虑好，上门测量的时间应在装修拆改和水电进场之间进行。

首先，应先到整体橱柜专卖店进行参观，实地考察、详细了解。

其次，让设计人员根据具体要求及家电用品的摆放位置进行合理的搭配及布局设计，待设计图纸令人满意后，根据图纸的具体要求对厨房进行管线预埋和装修。把上水、下水、冷水、热水管和电源插孔（电冰箱、吸油烟机、电饭煲、微波炉、消毒柜、洗碗机等电器）铺设到理想的位置，做到一次到位，这样会使厨房更加整齐、漂亮。

（3）整体橱柜的挑选与检验：

① 要选择正规厂家生产的品牌产品，或是专业店经营的橱柜。品牌产品及专卖店经营的产品有较好的售后服务，对质量是一种保证。

② 看样品时一定要认真了解材料的构成情况，应问明白，做到心中有数。

③ 要仔细检查做工。主要查看台面板、门板、箱体和密封条、防撞条是否经机器模压处理，是否正反两面一次压制而成。好的产品长期使用不会开胶、起泡及变形。密封条封闭不严可造成油烟、灰尘、昆虫进入。

④ 检查下柜台面板的铝背板防水条是否密封好，不会渗水。

⑤ 柜门铰链的质量也很关键，这关系到柜门的开启寿命；还要考察地脚的调平器及螺丝是否防潮。

⑥ 选择台面时，光面的台面便于清理，麻面的台面耐磨性能好。如果选择大理石材料时，一定要考虑是否符合家庭室内使用标准。

⑦ 在挑选橱柜时一定要选择售后服务好的厂家，便于以后及时维修。

⑧ 在购买时，要索要发票、合同。在合同上必须注明橱柜的名称、规格、数量、价格、金额。获得销售单位及厂家的名称、地址、联系人、电话，以便发生质量问题能及时联系解决。

群内业主满意的橱柜品牌有：豪森橱柜、董蕴全瓷橱柜、凡瑞歌德橱柜、富兰卡不锈钢橱柜。

### 35. 厨房水槽

水槽的选购要和橱柜设计紧密结合，同时配备质量好的配件。

（1）水槽的选购

要根据自己的使用要求以及厨房整体布局条件来选择水槽的款式及功能。

① 水槽的材质：水槽的槽体要选择耐腐蚀较好的 304 不锈钢材料，材料厚度一般为 0.8～1.2 mm，太厚容易使柜体变形，过薄的话稍用力按水槽表面则会下陷；宽度为橱柜台面减去 10 cm，一般为 43～50 cm；深度为 19～20 cm 为宜，以防水花溅出。

② 水槽配套的水龙头的材质：要选择含铅量低的或不含铅材质的龙头。另外，龙头阀芯的好坏直接影响到龙头的寿命，好的阀芯在开启和调整开关时很柔和，过松或过紧都不好。

③ 水槽的下水材料：要选用质量好、耐高温的 PVC 原材料制作的，不要使用再生塑料制作的下水产品；劣质材料制作的下水管容易发生漏水现象，寿命短。好的下水管的连接密封件基本上都是采用硅胶材料制成，安装时不需要使用生料带。

④ 市场上水槽的表面处理有三种：表面镀面处理、表面拉丝处理和表面柔丝处理。前者是用镀层弥补材料的不足；后者是目前水槽表面处理最好、最易清洁的工艺。水槽的焊接要平整、紧密、圆滑，无锈斑、毛刺、虚焊。

⑤ 水槽的翻边种类：有单翻边和双翻边两种，最好选择双翻边的水槽，这样的水槽不易变形，更耐用。

⑥ 选好水槽配件：主要是下水管和密封件的制作材料，下水管的直径一般在 35～50 mm 之间，口径大的不宜堵塞，硅胶密封件不宜漏水，如果有台控排水功能则操作更方便。

首先是下水。下水以大口径、不锈钢、带大集垃篮的为佳，最好有台控去水功能。

其次是下水管，要用硬质 PP、PVC 材质，防堵塞，无渗水、滴漏现象。

最后是紧固密封件，需用自攻螺丝紧固。

另外，为了防噪声，水槽底部可以喷涂或黏橡胶片。

（2）水槽的款式

单槽的适合小厨房，仅具备清洁功能。

双槽的使用广泛，可清洁、调理分开处理。

三槽、子母槽适合大厨房，具备浸泡、洗涤、存放、生熟分开等功能。

群内业主满意的水槽品牌是：九牧水槽。

### 36. 厨房水处理设备

众所周知，对于碱含量比较大、硬度高的生活用水，长期使用用水设备容易结垢，而饮用硬度过高的水，不利于身体健康。这就需要一款理想的厨房水处理设备。

（1）厨房水处理设备的分类和特点

现在市场上的水处理设备一般有软水机、纯水机、净水器、精密过滤器等，而家庭较常用的水处理产品是净水机和软水机。

净水机主要用于滤掉残存于自来水中的污染物质。消毒氯、重金属物质以及一些来自于自然水体中对人体健康威胁很大的化学污染物等都应该在使用前就被彻底"消灭"干净。

另外，随着人们居住条件的逐步改善，软水机也成为家居装修所考虑的对象之一。因为许多家庭都购置高档卫浴产品和采暖、热水设备等。而这些产品最让人担心的就是水碱问题，如果家中用水水碱多，容易造成陶瓷卫浴产品过早老化、暗淡无光，地板下采暖管道堵塞、更换维修不便以及热水器堵塞爆炸等问题。尤其是别墅，别墅的一个特点就是相对独立，且采暖和热水都需自行解决而配备相应的设施，为了安全起见，最好能够使用软水。另外数据表明，使用软水可使洗涤剂及肥皂等洗涤用品的使用量减少 55％，可使加热费用减少 20％，经济实用也是很多人选择软水机的重要原因。

（2）挑选"五要素"

厨房水处理产品种类多、品牌也多，涉及的材料和技术都很复杂，缺乏专业知识的消费者很难选择。那么如何才能选购一款称心的家庭水处理产品呢？

首先，看证书，家庭水处理产品上市必须获得卫生许可批准。

其次，看滤芯结构，水处理产品活性炭的吸附面积要大，滤膜孔径要小。滤芯应该是全密闭的，这样才能有效防止污染和藻类生成。

再次，还要看型号，水处理产品的处理容量不同，选型依据是家庭的用水量。如果型号过小，就会如同"小马拉大车"，水处理设备的疲劳程度就大，使用寿命也会相应缩短。

另外，一些家庭水处理设备除了以上所述的挑选原则外，还要根据自己所在地区的水质特点进行挑选。因为水质不同，水中的物质含量相同，这就需要不同特点的水处理设备来处理。以净水机为例，消费者在挑选时最好挑选那些针对自己当地城市水质状况而特制的产品。比如徐州的水中含碱量比较严重、硬度高,很多进口产品用了没有多久就会堵塞和失效。因此,本地制造的产品可能就会更适合一些。

（3）注意事项

消费者还需要注意的是对于水处理设备的挑选,最好选择大公司、大品牌、服务支持好的公司提供的产品,与其他的家用产品不同,好的家用水处理产品必须有长期的良好的服务支持才能成为一个真正好的产品,比如定期进行滤料更换、水质检测等。因此,应选择品质好、服务也好并且能够保证提供长期持续服务的公司的产品。

群内业主满意的净水设备品牌是:安吉尔净水、久吾净水。

### 37. 厨房电器

无论什么东西,适合自己是最重要的,选择厨房电器也一样,现如今各式各样的厨房电器令人眼花缭乱,市场上厨房电器的品牌繁多,性能、功能差异大,怎样才能选择适合自己使用的厨房电器呢?

（1）选择原则

① 品牌和服务最重要

国际化大品牌的产品在零部件采购、生产工艺、质量控制等各个环节有严格的要求,质量一般比较可靠,而且售后服务体系完善,可以免除消费者的后顾之忧。选择大品牌的产品已经是大家的共识。但是,由于中国人烹饪喜欢煎炒烹炸,油烟较重,需要大吸力油烟机和大火力燃气灶。

② 选健康,重环保

厨房是日常生活的重要组成部分,厨房电器作为厨房中的核心部件,是否具有健康、环保的功能至关重要。

③ 低耗才叫省

居家过日子,使用节能、低耗的电器产品才真正叫节约。因此,不要仅仅关注产品的价格,更重要的是看产品本身是否节能、低耗。如:油烟机是否有“高速、低速、柔速”三个挡位,长时间炖煲可以使用柔速挡,省电又静音;燃气灶是否纯蓝猛火,是否具有 4.2 kW 以上的大火力;消毒柜是否采用聚能光波消毒,是否有智能跟踪消毒功能。

④ 厨电一体化

随着整体厨房的日益普及,厨房电器作为整体厨房的嵌入式部件,必须体现“厨电一体化”的概念,实现各元素之间的和谐统一。这就要求不仅“厨电”与“橱柜”之间要“一体化”,而且“厨电”与“橱柜”之间从内部功能匹配到外部美学设计也要具有成套的设计概念。如:橱柜与厨电在颜色上是否匹配、产品外观设计是否搭配等。

（2）吸油烟机的选购

① 吸油烟机的分类：

按款式分有中式机、欧式机、侧吸机三种,欧式机按款型又可分为 T 形机、弧形机、塔式机。

中式机特点：拢烟效果好,不容易漏烟；吸油烟排量小,不宜清洁,使用时易碰头,款式一般。

欧式机特点：外形款式好看,吸油烟排量比中式机大,风压较高,相对中式机容易清洁；安装位置较高（60～75 cm）,易产生漏烟,造成油烟排不干净；由于风压的要求进风口较小,油烟分离不好,易造成叶轮污染。使用一段时间后会使吸油烟的排量不断降低,需要定期清洗叶轮。

侧吸式吸油烟机是在中式机的基础上结合中国人的烹饪习惯不断改进的适合中国人使用的款式,安装位置较低（35～45 cm）。其特点：造型更美观,油烟机的吸排量更大,油烟分离率最高能达到 99.5％,基本上能保证长时间吸力不下降,基本不用清洗油烟机叶轮,容易清洁、好打理。它是目前市场上销量增长较大的吸油烟机款式。

② 如何选择吸油烟机?

根据吸油烟机分类的特点选择吸油烟机的款式,再结合自家厨房的设计风格和产品的性价比选择具体的型号。根据吸油烟机的作用,无论选择什么款式和型号的吸油烟机都要注意以下几点：

a. 看材质：材质有钢板烤漆、玻璃、不锈钢（304 不锈钢、201 不锈钢、不锈铁）,304 不锈钢的材质耐腐蚀较好,钢化玻璃的易清洁,钢板烤漆的价格低。304 不锈钢材质的还应看钢板的厚度,太薄的不耐用且易产生噪声。

b. 看制造工艺：吸油烟机的制造工艺直接影响产品的外形美观和产品使用寿命,在挑选时一定要仔细对比查看,最好能查看一下吸油烟机的内部工艺和线路等是否存在安全隐患。最后还要看使用中是否易清洁、好维护、好打理。

c. 看性能指标参数：

外形参数：吸油烟机的宽度一般是 75～90 cm,老式的吸油烟机宽度一般为 75 cm,目前市场上的大多数宽度为 90 cm。如果厨房空间允许最好选择宽度为 90 cm 的吸油烟机,宽度过小容易导致排烟不干净。

性能参数：排风量为 14～19 m³/min,数值越大越好。风压一般在 300 Pa 左右为最佳,太大油烟分离不好,易污染风机的叶轮造成吸力下降太快,减少吸油烟机使用寿命；太小容易造成漏烟,排烟不干净。噪声一般在 53～75 dB 之间,该数值越小越好；吸油烟机的功率一般在 189～230 W 之间,排风量在

17 m³/min以上的功率越低越好（能效高）；吸油烟的油烟分离率一般在75%～99.5%之间，油烟分离率越高越好。

（3）燃气灶的选购

选材质：燃气灶面板材质最常用的有两种：不锈钢和钢化玻璃。不锈钢的材质要选304不锈钢，其耐腐蚀性好、耐用度高，不易损坏；钢化玻璃材质的易清洁、美观，但是一定要选择带防爆保护的，否则会有安全隐患。燃气灶炉头是最容易损坏的部件，要选择锻压铜等耐用度较高材料制造的炉头，这样的炉头不易变形、使用寿命长。

看安全保护和制造工艺：燃气灶的制造工艺直接影响其使用寿命，在选择燃气灶时一定要仔细查看制造工艺，否则可能会带来安全隐患。熄火保护热电偶装置是现在所有燃气灶的必备装置，其质量好坏直接影响到使用安全。

看性能指标：燃气灶是用来炒菜做饭的，其额定热流量指标很重要，一般在3.6～5.0 kW，指标越高，火力越大，能效越高。

群内业主满意的厨房电器品牌是：华帝厨电、科恩厨电。

## 38. 集成环保灶

集成环保灶面世至今，越来越受到消费者的青睐，但是很多消费者对于这个新兴产品还不是太了解，也有不少消费者反映市场上集成环保灶品牌太多，价格也有很大差距，不知道该如何选购集成环保灶。下面提出几点辨别集成环保灶优劣的常识。

（1）看厂家研发能力是否过硬

在集成灶门店选购时，应注意其产品线是否完善，如果产品丰富、品类齐全，侧面说明其研发能力较强。

消费者在选购的时候还要看其生产企业资料是否齐全，吸油烟核心设计是否有专利证书，厂家有没有营业执照、税务登记证、生产许可证、ISO9001认证等。

（2）看产品认证证书是否齐全

正规厂家生产的集成灶有齐全的产品资料，其中商标许可证、产品的专利证书、强制性产品认证证书、产品各项指标的检测报告等必须是由国家指定的权威检测机构出具的。比如亿田环保灶采用侧吸式和深井侧吸下排风方式吸油烟，除油烟率达99.5%以上，并且亿田集成灶入选了中国节能环保产品，有证书说明。

（3）看门店和销售凭据

销售点是否正规、销售有没有发票，这也是选购集成灶的一大要素，因为这些能够说明厂家的销售能力和生产能力是否够强，而且在专卖店购买更有保障。

（4）看售后服务

厨卫用品使用两三年之后出现问题无处维修，恐怕很多人都碰到过这种麻烦事，业内管这种产品叫"孤儿"。拥有消毒柜、下排风式吸油烟风口等技术的集成灶从功能上比一般灶具复杂，若是遇到问题，正规的厂家有专业的售后服务人员，能提供专业的售后服务咨询和技术支持，还会负责零配件更换，有些还会给老用户提供定期回访、检修等预见性售后服务。

（5）看产品品质

一看不锈钢板材。集成环保灶外观都是用不锈钢制造的，但不锈钢种类很多，外行人看不出区别，但不锈钢板材的质量相差很大。市面上不少低价集成环保灶在不锈钢板材选用上，用的是奥氏体 SUS201 或奥氏体 SUS202，这些都是奥氏体 SUS301 的替代钢，通常用于制造铁路车辆、带式输送机、螺栓和螺母、弹簧等。因 201、202 不锈钢延伸性能不强，在高温下抗氧性能较差，所以用于集成环保灶的制造时只能做平面造型，而不能做有凹凸的造型，因此，凡是灶面没有凹凸和灶面部是一大片板材压制成型的，就得注意其不锈钢可能没有采用好的材料。中等的集成环保灶会用 SUS301 不锈钢制造，这种不锈钢质量上优于 SUS201、SUS202，而较好的集成环保灶采用 SUS304，是极低碳 304 钢。它的各项性能良好，可以用整片钢板压制复杂造型，因而消费者看到这类集成环保灶就可以肯定其不锈钢板材质量是很好的。从外观上看，有细腻度与光泽度的不同，光泽度类似于镜子的就是好的不锈钢板材，这个可以肉眼鉴别。

二看油烟分离与否。差的集成环保灶是不能实现油烟分离的，如果油烟没有分离就容易造成机身的污染，差的灶体油烟直接经过涡轮，好的灶体则油渍与气体分离，排出气体的同时把油渍过滤在漏斗里。

三看工艺处理。差的集成环保灶因为是手工制作的产品，不仅不能整片不锈钢板材一次压制成型，而且接头处不平整或有明显缝隙，容易藏污纳垢滋生细菌；大厂家生产的集成环保灶采用的是机器压制成型的外壳，不会有小块拼装的现象。

四看火焰颜色。差的环保灶往往用旧的炉头翻新，或用劣质厂家的配件，使液化气不能完全燃烧，产生的火焰是红色或黄色的，这种灶具可能会产生大量的有害气体。而好的集成环保灶的炉头是新的原配件，质量有保障，液化气燃烧彻底，燃烧时的火焰是淡蓝色的，不会产生有害气体。

五看吸风位置。有的集成环保灶是深井式吸风，有的则是侧面吸风，深井式吸风会消耗热能，在烹饪时就会耗时耗气耗电，而侧吸式吸风则不影响热能。

面对品牌繁多的集成环保灶市场,消费者要学会鉴别产品的优劣,因为产品的质量决定了环保的效果。

群内业主满意的集成环保灶品牌是:法瑞集成灶、金帝集成灶。

### 39. 瓷砖

瓷砖是装修中最基础也是最重要的必备材料,在装修预算中占有较大比重。

(1) 购买瓷砖前要准备哪些?

① 明确哪些地方需要铺贴瓷砖:厨房、卫生间、阳台、客厅或者卧室。明确抛光砖、全抛釉砖和负离子砖的特点和大概的价位。

② 明确选砖的类型:这个跟居家的整体风格有关,比如田园风格或是现代简约风格。田园风格一般可选哑光砖(哑光内墙+仿古砖),现代简约风格选亮光砖为主,配以内墙砖+抛光砖。

③ 明确选砖的规格:厨房和卫生间墙面一般常用瓷砖的规格是:300 mm×450 mm 或 300 mm×600 mm。

地砖:卫生间地面由于要找坡度,便于地漏排水,最好使用小规格瓷砖,即 300 mm×300 mm 或者 300 mm 以下规格。考虑到防滑性和耐磨性,建议选哑光砖。

阳台一般用 300 mm×300 mm 的就可以了;客厅 30 m² 以下用 600 mm×600 mm 为宜,30 m² 以上的用 800 mm×800 mm 的地砖。

④ 所选瓷砖的价格跟预算紧密相关:瓷砖的价格从每平方米几元至几百元不等。一般建议厨房、卫生间使用 50~90 元/m² 的。瓷砖的人工费用一般为 40 元/m²。客厅建议用 80 元/m² 以上的瓷砖,品质有保障。

⑤ 选择卫生间和厨房的墙砖时需注意:实用、环保、美观。美观就是选择合适的颜色、花色、瓷砖本身的平整度、几何尺寸。一般建议预留 1~2 mm 的自然收缩缝隙或美缝,因为瓷砖会热胀冷缩。墙砖的吸水率大约在 10% 以上,最好使用不透水的。实用则要求应能达到耐污、耐磨、防滑的目的。

挑选瓷砖时还要检查产品的检测报告、产地、等级、规格等(注意:一般展厅的产品样板都是经过挑选过的,可以采用在仓库验货等方式检验)。

⑥ 了解瓷砖产品:要了解生产企业的生产能力和设备,这对选择商家有一定的参考作用。

⑦ 货比三家:先记录下中意的瓷砖品牌,方便的时候可以到网络上查询该品牌瓷砖有无质量问题的投诉,了解当地经销商营业地址,建议不要去二级代理和分销商那里购买。建议多看多选,货比三家。

⑧ 买促销产品时需留意：最好问一下商家降价的原因，是否能保证质量，因为一般执法单位不受理此类投诉。

购买瓷砖一定要开箱验货，检查瓷砖有无破损、瑕疵、缺釉、掉角、针孔眼、曲翘等。有问题要当面换货，陶瓷属于易碎品，很多商家在条款上注明出库后有问题即算作损耗。

（2）瓷砖购买中的"陷阱"

① 以次充好：一般瓷砖等级分为优等、一级、合格。但很多贴牌产品没有通过严格的选级，多为多等级混装。

防范措施：购买瓷砖时要求看大货，在仓库随机拿出一箱瓷砖，摆在地上试拼，看花色、颜色有无明显色差；看几何尺寸，用卷尺拉对角线，看差异大小；看平整度，把两块瓷砖面对面，滑动一下，转动大的平整度差，丝毫不动的为好。

② "挂羊头卖狗肉"：很多业主对瓷砖的品牌不太在意。注意门头招牌与销售产品的品牌是否相符合。

防范措施：一定把品牌名称、产地、等级、型号、色号、尺寸等记录下来，包括服务承诺。

③ 送货时调包：瓷砖属于工业耐用品，同一个花色很多厂家都在生产，有贵的也有便宜的。

（3）负离子瓷砖

顾名思义，负离子瓷砖是一种能够产生负离子的瓷砖。负离子瓷砖的实现在现有技术中，常常是将负离子添加剂引入坯体或釉层中制造烧结而成。负离子瓷砖与空气接触时，可形成带负电荷的空气负离子，能够提高使用环境的空气负离子浓度。同时，负离子瓷砖结合了全抛釉及二次布料技术，提供了一种负离子释放量最佳化、安全环保、产生有益于人体健康的负离子生态陶瓷砖。

群内业主满意的瓷砖品牌是：特地瓷砖、鹰牌瓷砖、粤强瓷砖、蒙地卡罗瓷砖。

### 40. 瓷砖美缝剂和瓷缝剂

近几年来，一种叫作美缝剂和瓷缝剂的装饰辅材迅速发展起来，得到众多家装业主和瓷砖施工队伍的青睐。下面介绍一下瓷砖美缝剂和瓷缝剂。

（1）美缝剂

美缝剂其实就是普通填缝剂中的一类美化剂。它可以避免一些瓷砖缝隙长时间有灰尘、产生霉菌、发黑的一些现象。同时，美缝剂颜色丰富，可以起到非常好的美化装饰作用。现在的美缝产品一般是水溶性的,非常环保,防污效果好,也便于打理。由于美缝剂一般是单组分材料,硬度比较低,所以施工的时候需要填缝剂打底,但美缝剂时间长了会有不同程度的收缩;同时其韧性较好,非常适合墙面。

(2)瓷缝剂

瓷缝剂其实就是美缝剂的升级产品。市场上的真瓷胶就是瓷缝剂的另外的一种叫法。瓷缝剂就是为了解决美缝剂过软、容易变形的问题而研发的。新型的瓷缝剂都是双组分材料,在专业的施工后可以做到和瓷砖同寿命,坚硬如瓷。而且施工一次成型,不会收缩、塌陷,耐腐蚀性和防水性相比美缝剂也有大幅度提高。最关键的是可以不用填缝剂打底而直接满填,节省了施工时间。

(3)美缝剂和瓷缝剂的选择

① 环保。根据监测,装饰建材本质的的挥发性有机物在涂刷一年后,还会逐步释放,影响身体健康。所以,选购美缝剂和瓷缝剂时应查看产品的质检报告,对于涂料最重要的环保指标就是 VOC 含量。

② 颜色。要注意选定的美缝剂和瓷缝剂的颜色与色卡的颜色相对应。

③ 美缝剂和瓷缝剂的效果。在美缝剂和瓷缝剂这一领域,颜料的效果是个比较专业的问题,下面介绍几点业主比较关注的问题:

a. 弹性:弹性越大的产品,瓷砖美缝完毕后,就越不容易裂缝。

b. 可擦洗性:可擦洗性越高证明保护膜的密度大,做出来的效果就越好,另外也比较容易清洗,污渍可以自己处理擦掉。

c. 防霉性:徐州每年的六月中旬至七月中旬是较潮湿季节,对于比较容易进水的区域,比如厨房墙内侧、客厅、卧室、卫生间等地方,比较容易发霉,要求其防霉性较好。

d. 遮盖性:遮盖性越强,美缝剂对基层污渍的遮盖就越好,既美观又健康。

e. DIY:即自己做美缝。这比较适合业主们自己施工,既可以省去一笔不菲的工钱,又可以体验到为自己的家美缝所带来的快乐。

提示:瓷砖美缝剂和瓷缝剂不仅可以进行瓷砖美缝,还可以使用在马桶、台盆、淋浴房、楼梯等边角缝隙处,是比较好的防渗漏材料。

美缝的具体施工时间是在橱柜、吊顶和卫浴施工之前。

群内业主满意的美缝剂品牌是:皇氏工匠、老工长、曼陀罗等。

## 41. 电视背景墙

目前,电视背景墙的装修装饰多种多样,其装饰也是对室内整体风格的打造,特别是对客厅有着强烈的装饰效果。下面介绍电视背景墙装修装饰的一些材料。

（1）经济实惠的木质材料

选用木质饰画板用作电视背景墙的特点是：花色品种繁多，价格经济实惠，且不易与居室内其他木质材料发生"冲突"，可更好地搭配形成统一的风格，清洁起来也非常方便。

（2）朴实自然的人造文化石

人造文化石是一种新型材料，它是用天然石头加工而成，色彩自然，有隔音、阻燃等特点，适用于高挑、宽敞的空间，可用来做电视背景墙。

（3）现代感强的玻璃、金属

采用玻璃与金属材料做电视背景墙，能给居室带来很强的现代感，既美观大方，又防霉耐热，易于打理。有些消费者选用烤漆玻璃做背景墙，对于光线不太好的房间有增强采光的作用。

（4）多姿多彩的墙纸、壁布

墙纸和壁布以其鲜艳的色彩、繁多的品种吸引了人们的视线。近几年，无论是墙纸还是壁布，工艺都有了很大的进步，不仅更加环保，而且有遮盖力强等优点。用它们做电视背景墙，能起到很好的点缀效果，且施工简单，更换起来方便。

（5）变幻万千的油漆、艺术喷涂

油漆、艺术喷涂的原理很简单，就是在电视背景墙后，采用不同的颜色形成对比，打破客厅墙面的单调。用油漆、艺术喷涂做电视背景，不但成本低，而且想要的任何颜色都可实现。需要特别注意的是，在色彩的搭配上一定要与客厅风格相协调。

（6）造型多变的石膏板

这一材料的特点是造型复杂，施工期长，但其千变万化的艺术造型是其他材料无可比拟的。但是它是与墙面做在一起的，一旦选用后很难改变背景墙的造型或风格。

（7）全新概念的墙艺漆

这是一种新型的墙面装饰涂料，它通过特殊的涂装工艺、专用的模具，在墙面上做出风格各异的纹理、质感、图案，并拥有奇幻的折光映射效果，是集乳胶漆与墙纸优点于一身的产品。

（8）灵活搭配的软装饰品

如果选不到满意的电视背景墙材料，还有一种非常灵活的方案，那就是在电视墙区域设置一些空间，用来摆放一些喜爱的装饰品。这样一来，选择的余地就非常大了，而且随时可以替换，简单而不失品位。但是灯光的处理要得当，用来突出局部照明的灯光不能太亮,否则会影响电视收看的效果。

### 42. 卫生洁具

随着消费者对卫生间的重视,购买卫生洁具的费用也越来越高。从目前市场来看,卫生洁具产品在价格上差异很大。那么业主在卫生洁具购买过程中,应该怎么选择呢?

(1)选择卫生洁具时应考虑的因素

① 选择消费者满意或售后服务信得过的家居市场。

② 货比三家,对同一款式、同一品牌的商品,要从质量、价格、服务等多方面综合考虑对比。

③ 向商家索要产品环保材料检测报告。

④ 卫生洁具的洗面器、坐便器、浴缸的颜色应当一致,其款式与卫生间的地砖和墙砖色泽搭配要协调。

一般卫生间洁具的色泽应该相近,面盆水龙头和浴缸三联水嘴应选择同一品牌、同一款式才显得比较协调。

⑤ 选择节水型坐便器时,往往有个误区,认为水箱越小越节水。其实坐便器是否节水并不完全取决于水箱的大小,主要在于坐便器冲水和排水系统及水箱配件的设计。有的坐便器水箱很小,但冲水性能很差;有的坐便器水箱并不小,但水箱存水线很低,冲水性能很好,同样可以节水。

⑥ 注意坐厕的冲水方式。坐厕的冲水方式常见的有直冲式和虹吸式两种。一般来说,直冲式坐厕的冲水噪声大些而且容易返味,适合低层用户;虹吸式坐厕属于静音坐厕,水封较高,不容易返味,适合高层住户。

⑦ 了解自己卫生间坐厕的排水方式和坑距。排水孔在地面,是下排水;排水孔在后墙上,是后排水。下排水坐厕一定要量好坑距(坐厕下水空孔中心线距完成地面的距离),一般直排坐厕标准坑距有 305 mm 和 400 mm,横排水坐厕一定要明确地距(坐厕后排水口中心线距完成地面的距离)。

⑧ 一般高品质的洁具釉面光洁,没有色差、针眼和缺釉现象,用硬质物敲击陶瓷发出清脆的声音。此外,选择卫生洁具时还应考虑家庭中的老人和小孩,浴缸要配有扶手和防滑措施。

⑨ 发票、合同上必须注明洁具的名称、规格、数量、价格、金额等。

⑩ 了解销售部门及生产厂家的名称、地址、联系人、电话等,以便出现质量问题能及时联系解决。

(2)卫生洁具的安装注意事项

卫生洁具产品如同空调一样,买回家的只是一个半成品,只有正确安装到位后,产品的作用才能正常发挥。然而许多人在选购卫生洁具时并不在意产品所提供的服务,以为只要买到合格的产品,使用中就不会出现问题。实际上,家庭使用中出现的许多问题都是由于安装不规范所造成的。

那么卫生洁具的安装注意事项有哪些呢?

① 了解卫生洁具安装流程

镶贴墙砖→吊顶→铺设地砖→安装坐厕、洗脸盆、浴盆→安装连接给排水管→安装灯具、插座、镜子→安装毛巾杆等五金配件。

② 安装注意事项

a. 不得破坏防水层。已经破坏或没有防水层的,要先做好防水,并经 12 h 积水渗漏试验合格。

b. 卫生洁具固定牢固,管道接口严密。

c. 注意成品保护,防止磕碰卫生洁具。

市场上的卫生洁具品牌有很多,业主可惜根据自己的喜好和预算去选择,关键的一点是售后服务。作者认为:选购卫生洁具要和选择家电用品一样选择售后服务好的,这些品牌的商家一般每年都会进行一次用户回访和小保养,既树立了口碑又方便了广大业主。

群内业主满意的卫生洁具品牌是:九牧卫浴、东鹏洁具。

## 43. 浴室柜

随着人们对卫生间的重视,各式美观精巧的浴室柜吸引了人们的关注。它分门别类的收纳令这个空间井然有序,越来越多的色彩和款式使其成为卫生间的视觉亮点。对浴室柜选购的要点作以下介绍:

（1）浴室柜的分类

浴室柜的面材可分为天然石材、人造石材、防火板、烤漆、玻璃、不锈钢和实木等,目前市场上浴室柜所选用的主流基材是防水中纤板,它的防水性能优于普通纤维板,是浴室柜的首选。

（2）选购浴室柜注意事项

① 大品牌更有保障。

② 在挑选浴室柜时,最好选择挂墙式、柜腿较高或是带轮子的,以有效地隔离地面潮湿。

③ 购买之前还应了解所有的金属件是否是经过防潮处理的不锈钢,或是浴室柜专用的铝制品,保证其抗湿性能得到保障。

④ 选择浴室柜款式时,应保证不会影响到水管的检修和阀门的开启,以免给以后的维护和检修留下隐患。

⑤ 需要仔细检查浴室柜合页的开启度。若开启度达到 180°,取放物品会更加方便。合页越精确,柜门会合得越紧,就越不容易使灰尘进入。

⑥ 干湿分离时可选用木质浴室柜。干湿分离要求淋浴间和其他区域相分隔,淋浴间水不会四处飞溅,使淋浴间外的空间保持干燥。

目前,市场上各类浴室柜品牌有很多,业主在选购浴室柜时,一要选品牌的,二要选专业的。群内业主满意的浴室柜品牌是:九牧、东鹏。

### 44. 洗衣机柜

现如今很多业主家里都会在洗手间或者阳台上放置一个洗衣柜,它不但可以用来收纳洗衣机,而且可以和洗衣池结合在一起,既节约了空间,又非常美观、实用。目前市面上洗衣柜的款式繁多,业主应该如何来选购洗衣柜呢? 洗衣柜的选购技巧有哪些呢?

(1) 一般情况下,业主都会把洗衣柜放在洗手间或者阳台,由于这两个地方都很潮湿,所以应选购具有防潮、防水和防蛀性能的柜门。PVC 材质及实木材质的洗衣柜不宜风吹雨淋,否则容易腐烂,阳光照射会使其变形开裂,而大理石材质的档次一般,因此,不锈钢洗衣柜的市场前景是最被看好的。同时,材料的环保性能也是需要重点考虑的。

(2) 为了使用起来方便,要求洗衣柜有更多的功能。一款实用性强的洗衣柜,除了可以放置洗衣机,而且还要有放肥皂的皂网,放毛巾的毛巾杆,放脏衣物的拉蓝,还可以有搓板、格子架、裤架、时尚抽屉等,这样清洁衣物的时候才会更加得心应手。

(3) 一款合格的洗衣机柜在设计上应该是非常贴心的,目前组合柜是较为畅销的类型,它比较注重细节的处理。举例来说,女性的平均身高在 160 cm 左右,而洗衣柜要放下洗衣机,总高度就要在 90 cm 以上。但是对于身高不足 160 cm 的女性来说使用起来就很不方便。高低盆的处理解决了此类问题,就是在洗衣机部分还是 90 cm,但在水池外就低了 5 cm,只有 85 cm。

(4) 每个居室的阳台、洗手间的面积都是不一样的,因此业主在挑选洗衣柜前可以先测量相应的摆放尺寸,然后根据尺寸来选购合适的洗衣柜。如果是小尺寸的洗衣柜最好选择陶瓷的,大尺寸的一般选择人造石的。因为 80 cm 以上,陶瓷的变形率是非常大的,而人造石就没有什么太大问题,只要使用得当,人造石的使用寿命也是很长的。

(5) 阳台洗衣机柜分一体台面和分体台面两种。一体台面是指台面和盆体采用一体浇筑而成,盆体比较大,自带挡水堰和搓衣板。分体台面是指采用大理石或者石英石台面,单独购买陶瓷台下盆和台上盆。

（6）洗衣机柜中体分为左盆右洗和右盆左两种布置方式。在铺设水电的时候按照下列原则来进行：洗衣机进水口和水槽的水龙头进水口分开放在柜体后背距离地面 40 cm 高处，在墙面设置两个冷水接口（如果有热水管就设置 3 个接口，即两冷一热），并预留两个电源插座，一个是供洗衣机用，一个是供即热式热水器实用，见图 4-1。在柜体位置距离后墙 20 cm 以内设置两个地漏，一个给洗衣机用，一个给洗漱盆使用。

群内业主满意的洗衣机柜品牌是：瑞贝克洗衣机柜。

### 45．淋浴房

在装修卫生间时，选择一个质量上等、外观大方的淋浴房是十分必要的，但面对市面上琳琅满目的淋浴房品牌，消费者该怎样选购淋浴房？

（1）浴房的分类

淋浴房分类很多，按功能可分为整体淋浴房和简易淋浴房；按款式分为圆弧形淋浴房、浴缸上浴屏等；按底盘的形状分方形、全圆形、扇形、钻石形淋浴房等。市面上主要的淋浴房品牌有金莎丽、汉莎贝儿、德立、福瑞等，选择淋浴房品牌主要还是以切合自身需要为选择标准。

（2）淋浴房的尺寸

在现代家居装修中，通常吊顶的高度在 2.4 m 左右，淋浴房生产商家将淋浴房的标准高度定为 1.95 m（1 950 mm）和 1.9 m（1 900 mm）。而淋浴房尺寸除了高度之外，都与其形状有关，其中标准的钻石形淋浴房尺寸有 900 mm×900 mm、900 mm×1 200 mm、1 000 mm×1 000 mm、1 200 mm×1 200 mm 四种规格；而标准的方形淋浴房尺寸有 800 mm×1 000 mm、900 mm×1 000 mm、1 000 mm×1 000 mm 三种规格；标准的弧扇形淋浴房尺寸有 900 mm×900 mm、900 mm×1 000 mm、900 mm×1 200 mm、1 000 mm×1 000 mm、1 000 mm×1 300 mm、1 000 mm×1 100 mm、1 200 mm×1 200 mm 等规格。

（3）淋浴房的选购技巧

① "三无"产品不能买。

选购时一定要从正规渠道购买，选择正品，"三无"产品坚决不能买，其质量不能保证，而且容易上锈，热气排不出，严重的甚至会导致玻璃炸裂。

② 查看底盘的板材是否环保。

淋浴房底盘的板材一般为玻璃纤维、亚克力、金刚石三种，金刚石牢固度最好，污垢清洗方便。目前使用较多的板材是亚克力，但不建议购买复合亚克力板的底盘，复合亚克力板的认定方法是：如果亚克力板的背面与正面不同，比较粗糙，就属于复合亚克力板。

面对此图为左盆样式水电布局

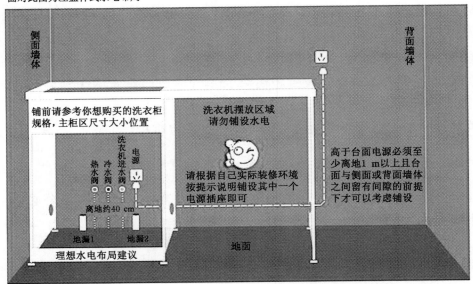

铺前请参考你想购买的洗衣柜规格，主柜区尺寸大小位置

洗衣机摆放区域
请勿铺设水电

请根据自己实际装修环境按提示说明铺设其中一个电源插座即可

热水阀 冷水阀 洗衣机进水阀 电源

离地约40 cm

地漏1 地漏2

理想水电布局建议

地面

高于台面电源必须至少离地1 m以上且台面与侧面或背面墙体之间留有间隙的前提下才可以考虑铺设

侧面墙体 背面墙体

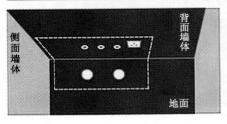

侧面墙体 背面墙体 地面

请沿虚线范围俯视看水电布局内铺设参考

| | | |
|---|---|---|
| 1 m柜虚线范围：地面(14×28)cm；墙体：(50×28)cm |
| 1.1 m柜虚线范围：地面(14×38)cm；墙体：(50×38)cm |
| 1.2 m柜虚线范围：地面(14×48)cm；墙体：(50×48)cm |
| 1.3 m柜虚线范围：地面(14×58)cm；墙体：(50×58)cm |
| 1.4 m柜虚线范围：地面(14×68)cm；墙体：(50×68)cm |
| 1.5 m柜虚线范围：地面(14×78)cm；墙体：(50×78)cm |

面对此图为右盆样式水电布局

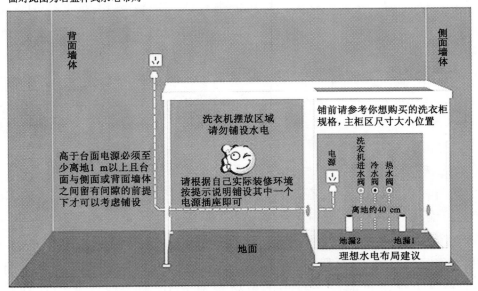

洗衣机摆放区域
请勿铺设水电

请根据自己实际装修环境按提示说明铺设其中一个电源插座即可

高于台面电源必须至少离地1 m以上且台面与侧面或背面墙体之间留有间隙的前提下才可以考虑铺设

铺前请参考你想购买的洗衣柜规格，主柜区尺寸大小位置

电源 洗衣机进水阀 冷水阀 热水阀

离地约40 cm

地漏2 地漏1

理想水电布局建议

背面墙体 侧面墙体 地面

图 4-1　洗衣机柜中体布置样式

③ 注意蒸汽功能淋浴房的保修期。

购买时应注意蒸汽机和电脑控制板，蒸汽机不过关容易损坏。此外，电脑控制板也是核心部位，由于淋浴房的所有功能键都是在电脑板上，一旦电脑板出现问题，整个淋浴房就无法启用，因此，购买时一定要问清蒸汽机和电脑板的保修时间。

④ 挑选淋浴房时还要注意以下四个方面：

a. 门是否开合自如；

b. 淋浴喷头的插放是否方便、牢固；

c. 地漏是否水流通畅、便于清洁；

d. 密封的淋浴房还要看是否有通气设施。

建议选购知名品牌并注意选购合适的淋浴房尺寸。

群内业主满意的淋浴房品牌是：玫瑰岛淋浴房、九牧淋浴房、东鹏淋浴房。

## 46. 卫浴五金

浴室应该有一些什么样的配件呢？什么是生活中必不可少的？应该怎么样去购买呢？浴室配件在整体浴室装修过程中起到画龙点睛的作用，那怎样选择好的浴室配件呢？

首先，细节之处可诠释美、表现美，因此在购买浴室产品的时候，务必要考虑浴室整体设计风格及搭配。浴室配件的选择要和龙头、洁具的风格相融合。

其次，考虑选材。铜或锌合金材质的卫浴产品不仅能和表面处理层有很好的结合，还是可再生的绿色环保材料，精细的做工完全达到历久弥新。

第三，考虑生产工艺和表面处理。不同品牌的浴室配件产品在使用初期较光亮，但是在使用一段时间以后，通过产品镀层就会发现优质和劣质的区别。优质的浴室配件的镀层表面光泽均匀，无气泡、无气孔、无氧化斑点、耐腐蚀性强、不易脱落氧化，不会生锈，因此使用寿命长。但是，低档镀层表面容易失去光泽，使用一段时间后表面附着的污渍擦洗不掉并开始锈蚀，出现锈斑。浴室配件电镀层起泡、脱皮是常见现象，问题在于有砂孔水汽的话就会直接深入主体进行腐蚀，因此，必须留意材质有无杂质，抛光处理是否精细等。

还有，考虑保养。正确的方法是以中性肥皂水清洗镀层表面，再以干净软布擦干表面，氨水、去污粉、洁厕净等会对电镀表面造成伤害，切忌使用。

卫浴五金市场上大体上有以下品牌：九牧、辉煌、中宇、申鹭达、雅鼎、帝朗等。

群内业主满意的卫浴五金品牌是：九牧卫浴、东鹏洁具。

### 47. 空气能热水器

（1）空气能热水器概述

空气能热水器，也称空气源热泵热水器、冷气热水器、空气能热水器等。空气能热水器能把空气中的低温热能吸收进来，经过压缩机压缩后转化为高温热能，加热水温。这种热水器具有高效节能的特点。技术领先的纽恩泰空气能热水器推出了能用于采暖的地暖机及地暖、热水、冷气空调一机多用的三联供机。

（2）空气能热水器的特点

① 节能环保，产生相同的热水量其耗电量仅为普通电热水器的 1/4、燃气热水器的 1/2，甚至比带电辅助太阳能热水器还节能。

② 使用安全，由于没有电元件直接与水接触，水电完全分离，因此不会有漏电危险。

③ 没有安装条件的限制，只需要大约 0.16 $m^2$ 的地面空间就可以安装。

④ 使用时间不受限制，空气能不像太阳能，无论白天黑夜、阴天下雨，只要有空气就能使用，有的产品甚至在 −20 ℃ 也能正常使用。

（3）空气能热水器的选择

① 看品牌

选择市场上较为常见的专业品牌，如长岭、芬尼和纽恩泰空气能就是专业化程度较高的厂家，空气能市场目前集中度较低，有些不专业的厂家其研发及生产都不具备专业空气能的基本条件，因而在质量和售后方面很难与专业品牌相比。

② 看配置

一台标准设备的主要配件由压缩机、四通阀、电控、套管换热器、翅片换热器等组成，特别是压缩机更为重要。

③ 看服务

服务是非常重要的一点，有些大品牌的专业厂家的三包政策为三年全免费包修，且售后服务中心对反映的问题 30 min 内做出响应。

建议选择的品牌是：芬尼冷凝式空气能热水器、纽恩泰空气能热水器、长岭空气能热水器。

### 48. 电热水器

（1）电热水器概述

以电能作为能源进行加热的热水器通常称为电热水器。它是与燃气热水器、太阳能热水器相并列的三大热水器之一。

（2）电热水器的分类

① 电热水器按加热功率大小可分为储水式（又称容积式或储热式）、即热式、速热式（又称半储水式）三种。储水式是电热水器的主要形式。

② 按安装方式的不同，可分为立式、横式、落地式、槽下式以及与浴室柜一体设计的集成式。

③ 按承压与否，又可分为敞开式（简易式）和封闭式（承压式）。

④ 按使用用途，可分为家用和商用。

（3）对选购电热水器的建议

① 选择品牌

名牌产品经过安全认证，质量较好，在产品上有"长城安全标志"。企业拥有可靠的服务网络，售后服务有保证。

② 外观检查

产品外表面涂漆应均匀、色泽光亮，无脱落、凹痕或严重划伤、挤压痕迹等；各种开关、旋钮造型美观，加工精细；刻度盘等字迹清晰；附件齐全。假冒伪劣产品往往采用冒牌商标和包装或将组装品牌商品冒充原装进口商品，此类商品一般外观较粗糙，通电后升温缓慢，达不到标准要求。

③ 内胆的选择

不锈钢内胆档次高、寿命长。搪瓷内胆是在普通钢板上涂烧成一层无机质陶釉，如制造工艺差会导致胆内不同部位附着的釉浆厚薄不均，易出现掉瓷现象。镀锌内胆涂附热固化树脂，锌保护层防锈能力差，使用寿命较短。

④ 安全装置的选择

电热水器一般应有接地保护、防干烧、防超温、防超压装置，高档的还有漏电保护和无水自动断开以及附加断电指示功能。热水器内胆压力额定值一般应为 0.75 MPa（型号不同，额定值也有所不同），要求超压保护装置在内胆压力达到额定值时，应可靠地自动开启安全阀进行泄压，以确保安全。漏电保护装置一般要求在漏电电流达到 15 mA 时能够在 0.1 s 内切断电源。

⑤ 保温效果选择

应选择保温层厚度和保温材料密度大的产品，可根据厂商产品说明书对比选择。

⑥ 恒温性能

将温度设定一定数值，达到设定值时，电热水器能自动断电或转换功率。

⑦ 容量选择

一般额定容积为 30～40 L 电热水器适合 3～4 人连续沐浴使用；40～50 L

电热水器适合 4～5 人连续沐浴使用；70～90 L 电热水器适合 5～6 人连续沐浴使用。

即热式电热水器市场上技术比较成熟的是哈弗等品牌，哈弗是即热式电热水器的倡导者；燃气热水器品牌中德国威能热水器质量秉承了其在壁挂炉领域的领先优势。

储水式电热水器有很多，具体品牌有：博世、阿里斯顿、史密斯、海尔、樱花、万和、万家乐、华帝。

群内业主满意的电热水器品牌是：华帝、博世、科恩。

### 49. 太阳能热水器

（1）太阳能热水器的分类

太阳能热水器按结构形式分为真空管式太阳能热水器和平板式太阳能热水器，以真空管式太阳能热水器为主，占据国内 95% 的市场份额。真空管式家用太阳能热水器是由集热管、储水箱及支架等相关附件组成，把太阳能转换成热能主要依靠集热管。集热管利用热水上浮、冷水下沉的原理，使水产生微循环而达到所需热水。

（2）太阳能热水器选购的六个标准

一是耐用标准：太阳能热水器的材料、技术、工艺不同，使用寿命也不一样，有使用 3 年、5 年的，也有能用十几年的。作为放在屋顶的热水供应设施，太阳能热水器的新旧丝毫不影响居室的美观程度，不用担心更新换代的问题，但选购的时候要考虑长远，性能、规格、功能都要想周全。

二是集热标准：真空管是太阳能热水器的心脏，真空管集热能力的强弱是衡量热水器性能优劣的重要标志，也是影响热水器供热量的重要因素。市场上三高真空管应用三高镀膜技术，真空度达到 $10^{-4}$ Pa，十几年后性能几乎不衰减。劣质真空管用作保温瓶胆的标准来做，真空度只有 $10^{-1}$～$10^{-2}$ Pa，三五年后既不吸热也不保温。

三是保热标准：储水箱是太阳能热水器的"热水仓库"，它的性能优劣主要体现在保温效果上。好的保温层采用进口原材料，全自动恒温高压定量发泡保温工艺，并经高温熟化处理，保温性能高且稳定持久。劣质保温层发泡不均匀，两三年后性能急剧下降。好的太阳能保温材料和先进的保温工艺，能确保良好的保温效果，一夜后热水温度下降少，隔夜照样有热水用。

四是规模标准：普通热水器在热水量、智能化控制程度、运行费用、用水安全等方面无法满足现代家庭的热水需求。理想的太阳能热水器不仅能解决普通太阳能热水器、燃气热水器、电热水器不能解决的问题，而且能满足人们对大水量、智能化、免费热水的需求。

五是耐寒标准：冬季太阳光照弱，光照时间短，温度低、温差大，热水需求量更大，是考验太阳能热水器的关键时期。以前的产品由于技术的局限，冬天、阴雨天对太阳能热水器影响较大。随着干涉镀膜技术的发明，三高真空管的集热性能大大提高，再加上全自动恒温高压定量发泡保温工艺的应用、周全严密的室外管道保温防冻措施，太阳能热水器冬天、阴雨天能用、好用已经成为现实。"热是硬道理"成为衡量太阳能热水器合格与否的黄金准则。其实，家庭对热水的需求在冬天更为明显，特别是天气寒冷的时候。挑选太阳能热水器的时候除了关注产品本身的集热性能、保温能力外，更要注意其安装是否规范、服务是否完善。

六是配件标准：太阳能热水器是一个供热水的系统，好的主机还需要好的辅机和配件配合使用才能达到良好的使用效果。太阳能热水器原装配件的质量应与主机相匹配，不仅在使用效果与寿命上有保障，而且有问题也能得到及时有效的解决。

建议选购的太阳能热水器品牌：皇明、太阳雨、亿家能、桑普。

### 50. 新型吊顶材料

（1）生态木吊顶

① 生态木吊顶概述

生态木吊顶属于生态木产品的一种，简单地说就是人造木，生态木是和原木相对的，它是一种比原木更环保、节能的新型木材，它几乎具有木材的天然质感，是国际上技术领先的环保产品。

② 生态木吊顶与原木吊顶的区别

a. 加工性能方面：生态木吊顶与传统原木吊顶不相上下，钉、钻、切割、黏结、钉子或螺栓连接固定——所有传统原木吊顶可进行的加工工序，生态木吊顶都可以做到。而且生态木吊顶表面光滑细腻、无须砂光和油漆，即便需要油漆，其较好的油漆附着性也完全可以满足不同油漆上漆的需要。

b. 物理性能方面：生态木的物理性能比原木更加优良，主要体现在比原木尺寸稳定性好、很少产生裂纹和翘曲、不存在木材常有的节疤和斜纹等方面。在加工时，其可以加入着色剂，采用覆膜或者是制作复合表层即可制成色彩绚丽的产品，完全满足不同消费者的需要，可选择性较多，其也不像传统原木材料需要定时保养。

c. 个性定制方面：消费者可以定制多种设计方案，包括颜色和木纹样式，此外规格、尺寸、形状、厚度等需求也可以进行定制。

　　d. 各种耐性方面:这是生态木吊顶与原木吊顶的最大区别,生态木吊顶具有防水、防潮、防火、耐腐蚀、防虫蛀、防真菌、耐酸碱、无毒害、无污染等诸多优点,维护费用也比原木吊顶低得多。

　　e. 使用寿命方面:生态木吊顶在外观上与原木吊顶相媲美,在硬度上却高于塑料建材,使用寿命自然高于原木材料和塑料材料。其热塑成型的生产工艺保证了其具有高强度以及能源节约的特点。

　　f. 环保特性方面:生态木吊顶产品质坚、量轻,有保温特点,表面光滑平整无须多余加工,不含有甲醛等有毒有害物质,无毒害无污染。

　　(2) 集成吊顶

　　① 集成吊顶概述

　　集成吊顶是 HUV 金属方板与电器的组合,分扣板模块、取暖模块、照明模块、换气模块。它具有安装简单,布置灵活,维修方便,成为卫生间、厨房吊顶的首选。如今,随着集成吊顶业的日益发展,阳台吊顶、餐厅吊顶、客厅吊顶、过道吊顶等都逐渐在家装中被选用。为改变天花板色彩单调的不足,集成艺术天花板正成为市场的新潮。

　　② 选购集成吊顶的方法

　　a. 板材的选择

　　(a) 铝板的材质:铝材主要有再生铝与原铝之分,价位相差 2/3 左右,原铝的质量好。

　　(b) 厚度:目前板材厚度的标准是 0.6 mm,但市面上很多厂家采用的是 0.3 mm 或 0.4 mm 的铝扣板,因为不符合标准的铝扣板价格相对低廉很多,再加上建材市场的不规范性,才导致了很多看着相似的吊顶板材却在价格上相差很多。至于过厚的铝镁板、铝锌板加入了一些金属杂质,势必会影响板材的环保性与耐用性。不管是过厚还是过薄的板材,在以后的拆装过程中都会是个棘手的问题。

　　(c) 覆膜板的选择、底漆的质量:要选择厚度覆膜板材,比如 0.7 mm,同时注意底漆的质量。

　　(d) 关注色泽搭配:颜色要清新自然,与橱柜或墙砖的颜色相匹配。

　　b. 电器安全很重要

　　集成吊顶包括两大核心:一是吊顶,二是电器。由于电器质量低劣导致的取暖灯爆炸、换气扇轰鸣、风暖导致火灾等事故屡有发生,因此在选购集成吊顶时,也要选择质量好的电器配备,这样才能为吊顶中的电器模块提供稳妥品质保障。应注意取暖模块、换气模块、照明模块等电器模块是否通过国际质量认证,看电器是否经过国家 3C 强制认证以及品牌商标与电器面板的附着方式,不建议选择印在塑料纸上贴到电器面板上的电器。

c. 辅材很关键

辅材主要是安装的主体框架部分，包括三角龙骨、主龙骨、吊杆、吊件等，而辅材相对于集成吊顶而言，相当于楼房的地基与梁柱，非常重要，要选择质量有保证的产品。

群内业主满意的吊顶品牌是：欧派吊顶、德艺乐家吊顶。

# 第五章　硬装篇——客厅,餐厅,卧室

## 51.板材

装修时用得比较多的材料就是板材。板材的分类比较多,什么地方该用什么板材,这个问题一定要清楚。家装中需要用到板材的地方很多,如:柜体、复杂吊顶的局部、部分木制电视背景墙等。板材材质不好和不环保,将影响家装质量和人体健康。

(1)板材类型

① 细木工板:即大芯板,不易开裂,以柳桉芯、机拼、企口拼接为好。

a.胶层结构稳定,面板与芯板之间不能有空泡、分层;

b.表面花纹清晰,芯材需相对干透;

c.有用喷印标示的品牌、规格。

② 集成材:用胶少、环保,已大量取代细木工板。芯材多是杉木,年轮越明显越好。

③ 3厘板:也称胶合板、多层板、细芯板。其强度、抗弯曲性好,但稳定性差,易变形,多用于混油的面板或背板。

a.标厚与实际厚度应一致;

b.表面光洁完整,无脱胶、开裂、腐朽、缺角。

④ 饰面板:覆盖在基材表面起装饰作用。

a.面层木皮宜厚,表面有滴水、透底现象说明面层薄;

b.基材以柳桉为佳,差的易变形翘起;

c.纹理排布规则,色泽协调,无黑点、节疤和拼接复贴。

⑤ 中密度纤维板:结构均匀,平滑细腻,受潮易变形。

a.厚度均匀,平整光滑,无污渍、水渍、黏迹,断切面颗粒细密结实,不起毛边,渣料无霉变;

b.敲击板面,声音应清脆悦耳,声音发闷的差。

⑥ 刨花板:常用于橱柜,握钉力比密度板好,但强度差。

⑦ 三聚氰胺板:业内也叫生态板、免漆板。三聚氰胺装饰板优点是:表面平

整、因为板材双面膨胀系数相同而不易变形、颜色鲜艳、表面较耐磨、耐腐蚀，经济实惠。

a. 可以任意仿制各种图案，色泽鲜明，用作各种人造板和木材的贴面，硬度大，耐磨、耐热性好；

b. 耐化学药品性能一般，能抵抗一般的酸、碱、油脂及酒精等溶剂的磨蚀；

c. 表面平滑光洁，容易维护清洗。

三聚氰胺板具备天然木材所不能兼备的优异性能，故常用于室内建筑及各种家具、橱柜、衣柜的装饰。

（2）环保板材的选购

选购环保板材主要从三个方面来进行：

第一，从饰面上，好的板材饰面比较耐磨、耐划而不褪色。差的一些饰面一是耐磨性不够，二是在 3～6 个月以后逐渐褪色，产生黄变效应。

第二，就是闻，环保板材应该没有刺激性的味道，不刺激眼睛、鼻子、喉咙。闻主要是针对甲醛释放量而来的，环保板材的甲醛含量是在保证板材强度的同时越低越好。所以建议在闻的同时查看厂家出示的证书，对承诺的甲醛含量不放心的要求厂家到权威机构进行检测。

第三，就是看，要看板材的截面，表面好不等于里面好，因此应该选择环保可靠的板材供应商。

目前徐州市面上的环保板材品牌主要有：德华兔宝宝、德华神州绿野、莫干山、香港雪宝、露水河、大王椰、福庆、森鹿等。

提醒：板材分 E0、E1 和 E2 级，最好选择 E0 级环保板材，可直接用于室内。甲醛含量分别是：E2≤5.0 mg/L；E1≤1.5 mg/L；E0≤0.5 mg/L。

群内业主满意的环保板材品牌是：德华兔宝宝板材、德华神州绿野板材。

## 52. 涂料

（1）内墙乳胶漆的选购

① 乳胶漆的分类

乳胶漆按光泽可分为：平光、亚光、柔光、丝光、半光型。

乳胶漆按性能可分为：普通型、功能型、净味型、净化空气型。

目前，环保的净味型乳胶漆是内墙乳胶漆的首选。

市场销售的净味型乳胶漆有两类：一种是乳胶漆自身的气味很低、很纯净；另一种是通过添加特殊的化学香料，将原本让人不悦的气味掩盖掉，有淡淡的芳香气味。

② 优质乳胶漆的选择

第一,选择大品牌产品,在专卖店购买,注意生产日期和保质期;

第二,查看产品检测报告是否达到国家环保标准;

第三,闻气味,真正净味的产品气味很低且无刺激性;

第四,看外观,质量好的涂料流动性好,均匀细腻;

第五,用小棍搅起一点乳胶漆,能挂丝且长而不断,均匀下坠;用手指轻捻以滑而均匀细腻为佳。

（2）木器漆的选购

① 常用的木器漆有两类。

一种是硝基漆。它的优点是干得快,耐水,柔韧性好;缺点是施工复杂,硬度低,耐热、耐寒、耐碱性不高。

另一种是聚酯漆。它的优点是漆膜丰满厚实,光泽度、透明度好,硬度高,耐磨、耐热、耐水性好;缺点是涂膜硬而脆,抗冲击性较差,易变黄,附着力差,不易修补。

② 选购木器漆时要注意以下事项:

第一,看外包装标签标识,各项资质证书应齐全,并要求出示原件;

第二,看门店成品小样,漆膜要细腻平整无瑕疵;

第三,关注抗冲击性和耐黄变性;

第四,将漆桶提起来晃一晃,质量好的几乎没有声音,差的有"稀里哗啦"声音,说明包装不足,黏度过低;

第五,咨询油漆涂刷遍数和面积,计算用量和每平方米的材料成本;

第六,对于颜色的选择,古典家具以深色为主,时尚家具以浅色为主;朝北房间宜选浅色,朝南房间宜选深色;浅色、本色家具适合青年人,老年人更偏爱深色家具。

最后,计算用量公式是:需涂刷面积/单组单遍面积×需涂刷的遍数＝所需组数。

③ 木器漆施工后的常见问题有以下几点:

a. 起泡。这是由于油漆黏度高或环境潮湿而引起的。

b. 起粒。这说明混入了杂质或者油漆已固化。

c. 开裂。这是因为过度厚涂刷或涂层间干燥不完全。

d. 咬底。这是底面漆不配套或者底层过厚,没有干透导致的。

e. 涂膜脱落。这是上下层油漆不同类或漆材未打磨造成的,或是由于一次性厚涂、重涂时间短或涂料黏度低。

（3）负离子软墙

负离子不仅可以净化空气,也是一种对人类健康有益的微粒,研究表明,空气中的负离子含量不同，会对人类健康产生不同的影响。

负离子软墙根据负离子的吸附性利用能释放空气负离子的材料制成的一种墙面材料。负离子是一种带负电荷的空气微粒，在自然界中由植物叶端的尖端放电及在雷电、瀑布、海浪的冲击下，可以使空气中的负离子浓度达到较高水平。负离子在空气中可以与灰尘、细菌、甲醛等带正电荷的有害物质相结合，凝聚成较大的颗粒，沉降于地面，从而达到净化空气的效果。相较于其他墙面材料，负离子软墙具有安全环保、防水透气、防霉抑菌、零冷辐射、使用寿命长等优点。

徐州市场上的油漆涂料品牌很多，多乐士、立邦、三棵树、华润、水性科天等都是业主比较喜爱的品牌，本地产品牌奇艳丽也有一定的口碑，而加利弗负离子软墙受到了越来越多的业主的追捧。

### 53. 地板

比起瓷砖，木地板装修起来会有不一样的美观度，自然的纹理和宜人的表面温度让它更有亲和力。

目前市面上木地板的种类大致可以分为实木地板、实木复合地板、强化复合地板三大类，还有其他诸如软木地板、竹地板等新类型的地板。

（1）实木地板选购方法

① 观测地板的精度

开箱后的木地板取出 10 块左右，徒手拼装起来，观察地板的企口咬口、拼装间隙以及相邻的地板间的高度差。

② 检查基材缺陷

观察地板截面，看板材纹路是否混乱；检查是否有死节、活节、开裂、腐朽、菌变等缺陷。由于实木地板为天然木制品，客观上存在色差和不均匀的现象，无需过分在意色差。

③ 测量含水率

一般规定木地板的含水率为 8%～13%，由于地区差异，北方地区的地板含水率为 12%，南方地区地板的含水率应控制在 14% 以内。

一般木地板的经销商店内应有含水率测定仪，如无则说明对含水率这项指标不重视。购买时先测展厅中选定的木地板含水率，然后再测未拆开包装的同材种、同规格的木地板的含水率，如果相差在 ±2% 范围内，可认定为合格。

④ 确定合适长度

建议选择中短长度的地板，因为其不易变形，容易铺设，运输过程中也不怕损坏。过长或过宽的地板相对来说比较容易变形,在铺设时也会比较麻烦。

⑤ 识别地板材种

目前,市场上的材种名称非常混乱,有的厂家为促进销售,将木材冠以各式各样不符合木材学的美名,消费者一定不要为名称所惑,弄清材质。同时也不要过于追求进口材料,国内树种繁多,许多地区的树种在质量和价格方面都优于同类进口树种。

(2)实木复合地板选购方法

① 看外观

实木复合地板分为优等、一等、合格品三类。外观质量是分级的重要依据。选购时,首先要看表层木材的色泽、纹理是否清晰,一般表面不应有腐朽、节孔、虫孔、裂缝或拼缝不严等木材缺陷,木材纹理和色泽的感观应和谐。还应检查地板四周的榫舌和榫槽是否平整。

② 分清种类

实木复合地板有两种:一种为三层实木地板,由表板、芯板、背板三层木板拼合而成;另一种多层实木地板则由七层或九层组成,稳定性要比三层实木地板好些。在购买时要根据自身需要选择,如果是地热用地板,那就一定要选择多层的。

③ 观察结构

消费者通过多层实木地板的四边榫口,可以看到单板层层叠加的结构。传统多层实木地板基材采用奇数层组坯,一般为七层或九层。近几年,一些品牌对传统工艺进行改良,采用偶数层组坯方式,即为八层或十层。在购买时不妨将地板拿起,看一下地板的结构层是几层。

④ 甲醛含量

多层实木地板由多张木材单板拼装黏合而成,地板胶黏剂的品质、环保性能至关重要。一旦所用的胶水不好甚至是劣质的,都会使甲醛严重超标,影响使用者的身体健康。目前我国对地板环保的强制性最高标准是 E1 级,即甲醛释放量平均值低于 1.5 mg/L。所以在购买时最好买 E1 级的地板,才能放心使用。

⑤ 拼接测试

随手取 5 块以上地板置于玻璃台面或平整的地面上,进行拼装。拼装后用手拍紧榫槽,观察榫槽结合是否严密,然后用手摸,感觉是否平整。拿起拼装后的多层实木复合地板在手中摇晃,看其是否松动,若有高低较突出的手感和松动现象,说明该产品不合格。

（3）强化复合地板选购方法

① 证明材料说环保

强化木地板中含有一定量的甲醛，若超过国家规定的指标（1.5 mg/L）将对人体有害，在选购时最适宜选用有国家环境保护标志的产品或免检产品。不要轻信导购"零甲醛"的说法，最牢靠的做法就是要求其提供环保证书、检验报告等证明材料。

② 耐磨系数有标示

强化复合地板表层压制的耐磨剂为三氧化二铝。三氧化二铝的含量和薄膜的厚度决定了耐磨的转数。含量和膜厚度越大，转数越高，也就越耐磨，地板使用的寿命就越长。市面上耐磨转数是不小于 6 000 转的强化复合地板，在地板上会有 AC3 的标示，转数越大标识数值越大。

③ 基层材质不掉灰

目前市面上的强化复合地板的基材基本来自经济速生林，木材经过加工制成密度板。密度越大，内结合强度越大，板材质量就越好。在挑选强化复合地板时，基层越白，质量越好。用手指使劲按压基材边缘看是否掉灰，如果没有掉粉末木渣等，说明基材质量不错。

④ 地板拼接紧密度

由于强化复合地板背面不打龙骨架，不需要用胶水拼接，所以企口紧实度很重要。在选购现场可拿两块地板的样板拼装一下，看拼装后是否整齐、严密。质量好的地板拼接在一起，两人合力掰开都很困难。

⑤ 厚度长短有区别

强化复合地板一般分为 1.2 cm 和 0.8 cm 两种。1.2 cm 的地板更接近实木地板，脚感更好一些。市面上分为大、小两种规格，大板长 1.2 m，小板长 0.8 m。房间比较大的，建议选大板，铺贴效果好；房间比较小的，建议选小板，能够节省材料。

（4）软木地板选购方法

① 看颜色

软木地板的好坏要看是否采用了更多的软木。软木树皮分成三个层面：最表面的是黑皮，也是最硬的部分，黑皮下面是柔软的白色或淡黄色的物质，称为胶结软木层，是软木的精华所在。如果软木地板更多地采用了软木的精华，质量就高些。地板背板同样采用黑皮，这样可以提高抗冲击的能力。

② 看密度

软木地板密度分为三级：400～450 kg/m³、450～500 kg/m³、大于 500 kg/m³，一般家庭选用 400～450 kg/m³ 便可满足需求。若室内有重物，可选稍高些的，总之能选用密度小的尽量选密度小的地板,因为其具有更好的弹性、保温和吸声吸振性。

③ 看表面

在选择时先看地板砂光表面是否光滑,有无鼓凸颗粒,软木颗粒是否纯净。检查边长是否笔直,取 4 块相同地板,铺在玻璃或较平的地面上,拼装后看其是否合缝;检验板面弯曲强度,可将地板两对角线合拢,观察其弯曲表面是否出现裂痕,无则为优质品。最后要进行胶合强度检验,将小块软木地板放入开水中泡,若其砂光的光滑表面变成凹凸不平,则为不合格品,优质品遇开水表面应无明显变化。

经过多年的市场激烈竞争,徐州市地板市场上的基本格局已经形成。成熟的大品牌,如圣象、大自然、生活家、肯帝亚、菲林格尔、安信、世友、德尔、安心等均保持着稳定的市场份额。而肯帝亚、生活家和富林等地板继续以专业化的服务与口碑受到相当多业主的青睐。群内业主满意的地板品牌是:安心地板、联丰地板、肯帝亚地板。

## 54. 移门

(1) 选购移门时要注意的事项

① 型材分三种:铝镁合金、铝合金、碳钢。

铝镁合金:抗氧化、耐腐蚀、重量轻、强度高,但价格偏高;

铝合金:易腐蚀、强度不高、易变形,价格低;

碳钢:较薄,用手即可捏动,极易变形,已基本被淘汰。

② 门板。

门板主要材质有密度板和玻璃两种。密度板应选高密度板,厚度以 12 mm 为宜,小于 8 mm 单薄、轻飘,6 mm 极易变形,无法使用,通常用于小面积板块。玻璃又分彩釉玻璃、白玻、烤漆玻璃、镜面玻璃等,一般用 5 mm 厚的。

③ 边框。

边框厚度应达到 1.2 mm,这样移门做到 2.4 m 也能保证稳固,否则只可做到 2 m 以内。

④ 表面处理分三类:碱沙、喷漆、电泳。

电泳最好,表面细腻光滑、色泽均匀,其他两种易褪色掉漆,花纹模糊,分布不均。

⑤ 滑轮有三种:塑料滑轮、金属滑轮、玻璃纤维滑轮。

塑料滑轮的质地坚硬,易破碎,时间长会发涩变硬,使推拉感变差;金属滑轮的强度大,但有噪声;玻璃纤维滑轮韧性、耐磨性最好,滑动顺畅,经久耐用。

另外,质量好的滑轮中心应有精制滚珠轴承。

⑥ 宜用优质、环保、密封性防撞条,尽量选间隔小、毛条密的,移门滑动时有一定自重,拉动时无震动,顺滑有质感,这种才是好的移门。

（2）移门的安装

① 安装移门要注意以下情况：

发生下沉、变形是因为移门过大、过重或轨道质量较差使推拉时滑动不畅;也可能是安装后轨道调试未合格或是使用了塑料滑轮。如果使用的是金属滑轮,推拉可能会发出声响。

② 导轨的安装方式有两种：

一是预留轨道槽,采用这种方式要注意,单轨宽度应为 4.5 cm、高 4 cm;双轨宽应为 9 cm。这种导轨安全牢固,但不够美观,有缝隙,难清理,施工复杂,且不能拆卸改装。

二是用特殊双面胶粘贴在地板上。这样施工比较方便,可反复拆卸改装。但是相比之下,安全性较差。

③ 注意事项：

移门安装时间以在保洁后为佳,装修未完成的情况下安装易使移门受损。

安装前需与木工事先商讨,预留移门安装位置,对预留位置进行规划,并做好门套。

移门效果不仅取决于产品质量,而且所选的安装队伍要专业,售后服务系统较完善,所选的款式、颜色符合家装风格。

④ 计价方式：

$$价格＝门洞平方米数×每平方米单价$$

如果轨道需延长,有可能需要另外收费。

## 55. 衣柜

衣柜在现代家居生活中不可或缺,而定制衣柜,以其独特的个性化设计而受到广大业主的欢迎与喜爱。在装修卧室时,越来越多的人选择购买定制衣柜,以凸显自己的独特品位。

（1）衣柜板材是否环保。

衣柜板材包括纤维板、刨花板、胶合板等,在生产过程中使用胶黏剂,导致在成品衣柜中难免含有甲醛成分。挑选时建议查看相关检测资料是否符合国家标准。

（2）材料的使用。

市面上的定制衣柜大多采用中密度纤维板,有些用防潮板、中密度板的要好些,此外还要看贴面。定制衣柜的五金件也很关键,有碳钢、钛合金、铝合金等几种。滑轮的顺滑、耐磨、耐压也相当重要。品牌衣柜的滑轮一般选用碳素玻璃纤维制成,内带滚珠,附有不干性润滑脂,推拉时几乎没有噪声。另外,好的滑轮往往设计有两个防跳装置,确保柜门滑行时安全可靠。

(3)柜门与边框花色是否统一。

品牌衣柜柜门的边框、门板出自同一厂家,颜色纹路可达到完全一致,配套统一。而杂牌衣柜往往东拼西凑,只能找到花色相似的板材、边框,无法做到完全一致。

(4)轮子是否顺滑、耐压、耐磨、安全可靠。

品牌衣柜的滑轮一般选用碳素玻璃纤维制成,内带滚珠,附有不干性润滑酯,故能轻松推拉,顺畅灵活,而且承重力大,耐压、耐磨、不变形。滑轮导轨是推拉门的核心部位,一定要慎重选择。

(5)柜体是否专业、设计是否科学时尚。

目前流行的时尚衣柜柜体,设计要达到科学合理。一般按照"化整为零"的原则,开发出几种不同的分柜,定做时可自由搭配组合。同时,抽屉与活动层板也可自由增减,高度可以随意调整。

(6)配件是否齐全。

提醒广大业主,推拉镜、格子架、裤架、拉篮、衣架,这些配件是否齐全是判断其设计是否有"以人为本"的理念的一个重要标准。

(7)是否拥有专业工厂。

为了保证生产,品牌衣柜大多拥有专业的工厂、现代化的机器设备,流水线生产,现场安装,完全避免了装饰公司那种现场制作给消费者带来的不便。同时,产品的尺寸数据准确,结构完整,给人一种整体的美感。

(8)售后服务如何。

衣柜作为家具中的重要组成部分,与人们生活起居息息相关。所以,厂商良好的信誉、优质的售后服务就显得非常重要。在定做时,首先要明确其保修期限,一般要求是不低于 5 年(最少必须 3 年)。此外,遇到使用问题时,能否提供及时、快捷的维修服务。衣柜安装完毕后,厂商一般会发放保修卡,一般厂家的保修期为 3~5 年。

提醒:衣柜安装和装修期间的配合应注意的几个细节:

(1)施工队进场时,可以开始定做更衣间的咨询工作。需要咨询的内容包括:设计款式、材料生产商、产地、价格、保修条款、有无环保保障、量身定做的经验是否丰富、制作周期长短等。

（2）装修施工进行到一半工期的时候，应选定一家公司定做更衣间。这时需请设计师到家中进行实地测量，并向设计师说明自己的功能需求和设计要求。

（3）装修工程接近尾声，需要安装更衣间的墙、顶、地施工完毕，这时可以确定设计方案并签订家具订购合同。签完合同最好请家具公司的技术人员到安装现场进行尺寸复核。

（4）一般签完合同后 10 天左右就可以进行更衣间的现场安装，而这期间可以进行装修完毕后的开窗通风工作和购买其他家具或生活用品的工作。

（5）更衣间安装完毕，其他家具、家电应基本购置齐全，这时可以请保洁公司进行保洁工作。

群内业主满意的衣柜品牌是：劳卡衣柜、李赢家具、箭牌衣柜。

### 56. 榻榻米

（1）榻榻米的构造

榻榻米以稻草和蔺草为原料，将稻草掐头去尾，取中间部分进行高温烘干、杀虫，再投入高温箱中吸收水分。构造分三层，底层是防虫纸，中间是稻草垫，最上面铺蔺草席，两侧进行封布包边。一张榻榻米质量约 30 kg，规格为宽 0.9 m、长 1.9 m，也可根据房间大小定做。标准厚度有 3.3 cm、5.5 cm 两种，新的是草绿色的，使用一段后呈竹黄色。

（2）榻榻米的施工

榻榻米的施工并不难，可直接在水泥地上起地台。榻榻米可以做成箱体或实体。箱体内部可以储藏物品，适合储藏空间较小的家庭。如果储藏空间够用，建议做成实体，更稳固，也不会因为经常开合而磨损草席。如果一间小房间整体做榻榻米，可以和其他装修工程同步进行。铺装方式可根据房间面积选择，包括井字形、田字形或对称形。一般榻榻米的基础装修 7～10 天即可完成。定做格子门、升降台等，需要 15～20 天时间。

（3）榻榻米的选购

榻榻米在选购时需要注意以下几点：

① 外观：好的榻榻米表面光滑、平整挺拔、颜色自然；差的则表面粗糙、松垮软榻、容易褪色。

② 表面：好的颜色为绿色，紧密、均匀、紧绷，双手向中间紧拢应没有折痕；差的表面有一层发白的泥染色素，呈黄色，有跳草，用手推席面有折痕。

③ 草席：好的草席接头处"Y"形缝制，斜度均匀，棱角分明，草席与芯之间铺有白色的无纺布，用力拍打芯部没有灰尘和杂物；差的为"∥"形缝制边，草席

内参杂灰尘、泥沙。

④ 包边：好的针脚均匀，米黄色维纶线缝制，棱角如刀刃；差的针脚杂乱，白色涤纶线缝制，棱角如棕，稍圆鼓。

⑤ 背部：好的蓝色底部有防水衬纸，米黄色维纶线，无跳针线头，通气孔均匀，缝有调节平整度的草席条；差的底部无衬底，白色涤纶线，有跳针。

⑥ 厚度：好的上下左右四周边厚度相同；差的右厚左薄，上硬下软。

群内业主满意的榻榻米品牌是：劳卡全屋定制家具、李赢家具、箭牌衣柜。

### 57. 断桥铝门窗

（1）断桥铝的由来

"断桥铝"这个名字中的"桥"是指材料学意义上的"冷热桥"，而"断"字表示动作，也就是"把冷热桥打断"。具体地说，因为铝合金是金属，导热比较快，所以当室内外温度相差很多时，铝合金就可以成为传递热量的一座"桥"，这样的材料做成门窗，它的隔热性能就不佳了。而断桥铝是将铝合金从中间断开的，它采用硬塑将断开的铝合金连为一体，塑料导热明显要比金属慢，这样热量就不容易通过整个材料了，材料的隔热性能也就变好了，这就是"断桥铝（合金）"的名字由来。

（2）断桥铝窗的基本分类

① 分类方式

a. 按开启方式分为：固定窗、上悬窗、中悬窗、下悬窗、平开窗、平开下悬窗、推拉窗、推拉平开窗。

b. 按性能分为：普通型窗、隔声型窗、保温型窗。

c. 按应用部位分为：内窗、外窗。

d. 按系列型号分为：55系列、60系列、65系列、70系列等。

② 几种常见门窗的优缺点

a. 平开窗

优点：开启面积大，通风好，密封性好，隔音、保温、抗渗性能优良。外开式的开启时不占室内空间，内开式的擦窗方便。

缺点：窗幅小，视野不开阔，刮大风时易受损，开窗时使用纱窗、窗帘等不方便。

b. 推拉窗

优点：美观，窗幅大，视野开阔，安全可靠，在一个平面内开启。

缺点：两扇窗户不能同时打开，最多只能打开一半，通风性相对差一些，有时密封性也稍差。

c. 内开内倒窗

它既可以通风，又可以防盗，防止开窗时雨水飘到屋里，既保障了安全又实现了室内通风。因为有铰链，窗户只能打开 10 cm 左右的缝，从外面手伸不进来，特别适合家中无人时使用。

d. 复合窗

断桥式铝塑复合窗的原理是利用塑料型材（隔热性高于铝型材 1 250 倍）将室内外两层铝合金既隔开又紧密地连接成一个整体，构成一种新的隔热型的铝型材，彻底解决了铝合金传导散热快、不符合节能要求的问题。

这种窗的气密性比任何铝塑窗都好，能保证风沙大的地区室内窗台和地板无灰尘；其性能接近平开窗。

（3）断桥铝门窗的优越性能

① 断桥铝合金门窗是比较高级的铝合金门窗，它是继木窗、铁窗、塑钢门窗和普通彩色铝合金门窗之后的第五代新型保温节能性门窗。它的表面可以涂装成各种各样的颜色。

② 断桥彩色铝合金门窗的组成结构是结合了木窗的环保，铁窗、钢窗的牢固安全，塑钢门窗保温节能的特点，它是由两个不同断面通过节能隔热条组合而成，节能隔热条又叫尼龙条，它主要起到热传递中间断开而防止冷热传递迅速或缓热传递的作用。其结构比普通铝门窗复杂，成本较高，普通彩铝门窗不具有隔热条，不保温不节能，只是在表面做粘贴处理。

③ 断桥铝合金门窗的型材断面壁厚严格遵循国家标准。壁厚要求都必须在 1.4 mm 以上，因为壁厚关系到组装技术和组成门窗的牢固安全问题。

④ 断桥彩色铝合金门窗与普通铝合金门窗的设计是不一样的，前者设计格局大气，而后者则只能按常规设计，采光通透性差。对于五金件，断桥彩色铝合金门窗采用专用断桥平开窗五金件，而普通铝合金门窗则任何一种五金件均可使用。

⑤ 断桥铝门窗玻璃必须是中空玻璃（5 mm＋9A＋5 mm）双面钢化，而普通彩铝合金门窗玻璃一般都是单层玻璃，所以断桥铝门窗隔音保温效果都好。

⑥ 结合断桥铝门窗壁厚、强度高、合金成分高的特点，它适用于高层建筑高档住宅小区，其抗风压承重好、隔热保温性好，所以断桥铝窗又叫高级气密窗。

（4）断桥铝门窗型材三要点

① 型材壁厚。

型材厚度应大于或等于 1.4 mm。

② 隔热条。

隔热条担负着门、窗的水密性和气密性两大重任。现在新型的塑钢窗和高级铝材节能窗,不但能隔绝冷热空气、风霜雨雪和风沙,还能有效隔绝噪声并节省能量,而这一切都与密封条息息相关。

隔热条是断桥铝型材最关键的部分,必须使用 PA66 尼龙。

③ 选用优质五金。

群内业主满意的断桥铝门窗品牌是:沃派门窗、亚铝铝材。

### 58. 隐形纱窗

纱窗的作用不仅仅是防蚊,还要考虑到美观,因此,隐形纱窗应运而生。

（1）隐形纱窗选购

隐形纱窗有两种:一种是自动回卷式,它可自动回卷,适合平开窗,使用方便,价位适中。另一种是百叶折叠式,不用时可折叠到纱盒里,适合大窗型和纱门,可任意定位、维修率较低。

选购时应该注意以下事项:

首先是纱网。网的目孔和纱的粗细都要均匀。进口纱多为纤维材质,上万次推拉摩擦不变形。玻璃纤维易热胀冷缩,变形概率大,看上去松软不平整。

其次是边框材质。选用喷塑或电泳的铝合金专用型材,颜色多,厚度在1 mm以上。

最后是配件。敞开式轴承易进尘土导致运转不畅,最好选进口全封闭无声轴承。普通弹簧使用一段时间后弹簧弹力减退,纱网不能回卷到纱盒内,要谨慎选择。

（2）设计形式

一种是纱窗,窗户高度超过 1.2 m 的,建议设计成侧拉款式,展开回卷轻便流畅,还可减少故障。另一种是纱门,由于下轨道经常被踩,型材要厚,在纱门宽度超过 1.2 m 后,要安装对拉纱门,以免回卷不流畅。

群内业主满意的纱窗品牌是:梦迪乐隐形纱窗。

### 59. 阳光房

（1）阳光房的分类

阳光房的外形分为平顶、斜顶、尖顶、弧形顶、异性顶。平顶不利于排水,弧形顶安全性较差,异型顶工艺复杂,尖顶和斜顶较受欢迎。

（2）阳光房的常见风格

① 单斜顶的地中海式。它由直立支撑框架与斜平顶配合而成,特点是简洁灵活、占地小,适合区域为公寓无顶阳台、别墅底层。

② 多角形顶的维多利亚式。它是以框架结构搭建出长方形或梯形斜面,下

方上尖,特点是大气华丽,面积大,适合区域为别墅花园、屋顶平台。

③ 弧形顶的拜占庭式。它是以一整个弧面连接墙体和地面,特点是时尚优美,门窗开启方式灵活多样,要求空间有一定宽度,适合区域为别墅花园或露台以及公寓房的较大露台。

(3)阳光房的功能

普通型即基础型阳光房可作为小花房,养殖花草鱼虫;中档的休闲型阳光房适合别墅和庭院,用于休闲娱乐;高档的功能型阳光房,其设计和建筑标准高,可专门作为待客室、餐厅、书房或娱乐室。

(4)阳光房与建筑的关系

① 靠山型,一部分靠着建筑物,出门即进入阳光房中,必须要配下水管。

② 非靠山型,独立于建筑物,除平顶外一般不需要配下水管。

(5)阳光房的材质

① 阳光房常用的型材是铝合金。

② 阳光房选用的玻璃有三种:

a. 钢化玻璃。它的抗弯强度和抗冲击强度是玻璃的 4~5 倍,安全性高,破裂呈蜂窝状颗粒,不会伤害人体。

b. 中空玻璃。它将干燥空气密封在两层玻璃间,能有效阻断热量流失,还可节能、隔音、防结露、防紫外线。

c. 夹胶玻璃。它较为安全,碎片不飞散,仅产生辐射状裂纹,抗冲击强度高,具有防盗作用。一般选择 8~10 mm 钢化玻璃即可。夹胶玻璃中钢化夹胶玻璃更安全,但成本较高,错层露台最好用钢化夹胶玻璃。

阳光房顶面材料一般选用阳光板。其质量轻,自重小,简化结构设计,难燃、耐热、耐寒、抗紫外线,防老化,透光率高,可塑性好。耐冲击强度是玻璃的80 倍,不会断裂。钢化玻璃、中空玻璃、隔热双层玻璃也可以作为顶面材料使用。

③ 密封材料方面。为保证保温防漏,玻璃与铝合金框架间的缝隙,必须用结构胶合耐候胶填补,宜选用硅酮密封胶。打胶必须一次打满,不能有空隙,以免渗水。

④ 辅料方面。正方形阳光房需有铝合金立柱,一般 4 面玻璃就要 4 根立柱。下水管需要定做,有不锈钢和铝合金两种,按米计价。

群内业主满意的阳光房品牌是:沃派阳光房、亚铝铝材。

## 60. 楼梯

在别墅及复式房中,楼梯是装饰中的重点,它不仅是连接楼上楼下的重要通道,也是显示装饰风格及业主个性的一个亮点。目前,市场上的楼梯种类较多,主流产品有实木、钢木和钢玻三种。

(1)楼梯的选购

① 楼梯常见形式

a. 直梯。占空间多,易于儿童、老人活动,造型简单。

b. 弧梯。适合大型复式房,造型多样豪华,行走舒适,但造价高。

c. 折梯。复式楼常用的一种形式。

d. 旋梯。占空间小,不适合老人、儿童使用。选款式的时候要考虑空间和层高,狭小空间宜选旋梯。

② 楼梯材质

a. 木制。最常用,易搭配,施工方便,宜配 120 cm 长、15 cm 宽踏板。木材及款式可根据地板选择搭配。

b. 铁艺。木踏板+铁艺扶手,选择面多,需定制,加工复杂,铸铁款式少。

c. 大理石。适合地面铺大理石的居室使用,但需做防滑处理。

d. 玻璃。适合现代风格,要用厚度在 10 mm 上的钢化玻璃。

e. 钢制。时尚但价格贵,不适合家装。

(2)楼梯选购的注意事项

① 考虑装修楼梯的位置和造型因素。楼梯对于整个家装的布局来说较为重要,楼梯所占的空间和楼梯的出入口必须谨慎考虑布置。楼梯一般放置在专门的楼梯间内,或者是靠墙的角落,这样既不浪费空间,也不破坏整体布局。楼梯的出入口应按照行走方便和最短行走路线的原则设置。

② 考虑楼梯的材质。楼梯材质应按照家装风格确定,中式风格宜选购实木楼梯,现代简约风格宜选购钢木楼梯。另外,如家中有老人或儿童,则实木楼梯较为适合。

③ 楼梯的坡度。楼梯坡度是指楼梯的各踏板前沿连线与水平线的夹角,室内装修楼梯的坡度一般为 30°,过陡与过缓都会影响行走的舒适度。

④ 室内楼梯的宽度一般为 90 cm 左右较适合,若单层面积较大,则适当加长到 95~100 cm。

⑤ 楼梯扶手距离踏板的高度不可小于 90 cm,亦不可过高。

⑥ 楼梯栏杆之间的空隙不可大于 11 cm,过大的空隙不利于儿童的安全。

⑦ 要考虑碰头的可能性。从楼梯洞口下沿至相应踏板的距离一般要留 2 m以上,原则上不能小于 190 cm。

⑧ 楼梯油漆。尽量选择品牌楼梯商,因为规模化的楼梯企业通常拥有较成熟的油漆工艺,其产品表面的油漆不易磨损。

⑨ 楼梯的款式细节是整个楼梯装修设计的关键,所谓细节决定成败,一部大气而精致的楼梯总能让人百看不厌。

⑩ 在选择楼梯商时,最好能亲身体验其产品的最终品质,货比三家。

建议选择的楼梯品牌有:四通、多莉亚、新意、信步等。

## 61. 石材

（1）石材的分类

① 大理石

优点:质感光洁细腻、花纹丰富柔和。

缺点:硬度较低、易划伤、耐腐蚀性差,在室外易失去表面光泽,而且价格较高。

② 花岗岩

优点:硬度高,耐磨、抗腐蚀能力强,抗风化,不易刮伤、褪色,价格比大理石低。

缺点:花岗岩花纹颜色比较单一,有一定的放射性,不宜用于孕妇、老人、儿童房。

③ 文化石

文化石主要由板岩、砂岩、石英石等加工而成。其材质坚硬、色泽鲜明、纹理丰富、风格各异,但不够平整,一般用于室外或室内局部装饰。

天然石材按放射性水平分为 A、B、C 三类。

A 类可在任何场合中使用。

B 类放射性高于 A 类,不能用于居室内饰面,但可用于其他建筑物的内外饰面。

C 类最高,只可用于建筑物外饰面。

天然石材的硬度和耐磨性不同,必须根据用处选择种类。普通台面、窗台、室内墙地面适合用大理石;门槛、橱柜台面、室外宜用花岗石。由于石材自重大、价格高,不建议大面积使用。

（2）石材的选购

购买石材可以参考以下几个方面:

① 观察表面结构:好的石材结构细腻均匀,如果出现粗粒或不等粒结构说明质量较差。此外,表面有微裂隙的石材易破裂,也不能选购。

② 量尺寸规格:石材存在平度公差,一般控制在长宽差$<1$ mm,厚度差$<0.5$ mm,平面公差$<0.2$ mm,角度差$<0.4$ mm,否则会影响拼接或图案变形。

③ 声音：好的石材敲击声清脆悦耳，差的石材则声音粗哑。

④ 试验：在石材背面滴一滴墨水。墨水很快分散渗出，表明石材内部颗粒较松或有裂隙，质量不好；墨水滴在原处不动，说明石材致密，质地好。

⑤ 看断口面：天然石材色彩均匀，表里一致，布色均匀，不会忽淡忽浓或有杂色；人工着色的石材色素只分布于表层。要注意的是，天然石材每一块板材的花纹、色泽特征都不一样，必须通过拼花使整体色彩协调，拼好花色后应立即用粘贴签条或木材蜡笔在板面上编号，以便安装时按号就位。切忌用液体彩笔涂写记号。

徐州的石材市场有申鑫石材城和缮维石材市场，家装使用过门石、飘窗石、挡水条和大理石的业主可以到这两个市场去选购。

## 62．晾衣架

选购晾衣架应注意以下事项：

（1）看包装。有实力的晾衣架厂商，往往在包装上做得很好，比较精致。

（2）看晾杆厚度。质量差的晾衣架晾杆往往比较薄。

（3）看晾杆材质。目前市面上晾杆材质有不锈钢、铝镁合金、硅镁钛铝合金（简称钛合金），钛合金杆硬度和韧性都比较好。

鉴定是否为钛合金杆的方法有：一是查看厂家的说明资料或去厂家网站查询，一般厂家的资料可信度比较高；二是直接用力扳杆的两端，铝合金往往会弯曲，不能还原，钛合金不会出现这种现象。

（4）看杆的表面。杆的表面处理技术很关键，市面上有以下几种处理方法：① 抛光处理，这种杆表面看上去很光亮，接近铝合金的原色，但未作任何表面防氧化处理，时间长了，杆的表面会发黑；② 电镀处理，也被称为磨砂杆，这种处理工艺较为简单，杆的表面不是很光亮，市面上比较多见；③ 喷塑处理，多为彩杆，喷塑处理的杆要仔细检查，表面是否光滑，有无小气泡活脱漆；④ 电泳处理，电泳处理技术最为复杂，处理后杆的表面非常光亮，比较上档次。

（5）看钢丝绳。对于钢丝绳，一看粗细，二看柔韧度。钢丝绳越粗越软越好，鉴别方法是把钢丝绳对折，放开后看是否能还原。

（6）看滑轮。滑轮有铁质、铜质等滑轮，还有纯铜复合滑轮。

（7）看手摇器。手摇器是晾衣架的核心部件，在购买时表面上看很难鉴定。

（8）看膨胀螺丝。这个往往被消费者忽视，好的产品往往配的螺丝较好，这也是决定是否容易安装、安装是否牢固的一个重要因素，也间接反映了产品的品质和实力。

（9）看安装。好不好用、耐不耐用与安装的关系很大。晾衣架产品大部分的故障是由于安装不当引起的,因此建议消费者选购知名品牌的晾衣架,其安装由厂家专业的技术人员免费提供,在保修期也是免费维修。

智能晾衣架由于具有照明、晾晒、烘干和杀菌等功能,成为市场上晾衣架的发展趋势。

群内业主满意的晾衣架(机)品牌是:荣事达智能晾衣架、天依智能晾衣架。

### 63. 防盗门

防盗门关系着财产的安全,选购防盗门时要注意以下几点:

(1)看材质。门框钢板厚度应在 2 mm 以上,门体厚度在 20 mm 以上,门体钢板厚度在 1 mm 以上,整体质量不小于 40 kg,内有加强钢筋、石棉填充物,可以拆下猫眼等检查内部结构。

(2)看工艺。门扇要与门框配合密实,间隙均匀,开启灵活,焊点均匀致密,门板表面需经防腐处理,光洁度高,无毛糙起泡,敲打响声发闷,手感稳重。

(3)选好五金件。对于防盗锁,分为单点锁和多点锁,多点锁防撬性能好,一般有 3 mm 以上钢板保护,折边开口处应焊牢或整体冲压成型,主锁舌传动装置与锁身对应部位应有防钻钢板或防钻套等保护措施。对于铰链,其轴直径大于 12 mm,钢板卷制铰链闭合边要焊接。

(4)看使用情况。开启时,锁芯应轻松灵活,无卡滞现象,门在开启 90°的过程中应灵活自如,无卡阻、异响。好的防盗门开门时,门扇不会与门框相碰而发出声响。另外,防盗门的安全级别为 C 级最高,B 级其次,A 级最低,家用的防盗门安全级别选用 A 级即可,购买时应选择有 FAM 标志的。

选防盗门,必须选技术成熟和服务好的大品牌,王力、盼盼、步阳、群升等在徐州市场都已有多年的销售口碑,业主们可以根据自己的预算和需要选购称心如意的品牌。

群内业主满意的防盗门品牌是:帝斯勒防盗门。

### 64. 木门

(1)常见的木门种类

① 实木复合门。其造型多样、款式丰富,价格较实木便宜。

② 实木门。其隔音好、环保、质量重、防潮效果好,价格较贵。

③ 模压木门。其经济实惠,安全方便,不易受潮,但隔音差,不太环保。

(2)选购注意事项

① 质量

木门因为开启频率高,重点要看品质、耐用性。原材料、辅料及五金件的选择直接决定了木门的品质。

② 价格

由于受到材料、油漆、人工、加工工艺、利润等多方面影响,市场上的木门价格区别较大,几百元、几千元的都有。木门的加工技术含量不是很高,竞争往往从材料、人工、油漆上有所不同,必然存在质量的差别,一般价格较高的木门,质量还是有保证的。

③ 款式

虽然款式不是决定购买木门的最重要因素,但是对于家居装饰已进入"重装饰、轻装修"时期这点来说,木门的款式将直接影响到装修效果,应多去市场上挑选。

④ 品牌

现代人生活节奏的加快和工作压力的增大,越来越希望装修是一种享受,而不是一种负担,但是在实际中,消费者除了花费金钱以外,也消耗大量的时间、精力等成本。好的品牌不只代表其能提供高品质的产品,更代表了一种能提供良好形象、服务、购物感受等的标志,因此,品牌已经是选购产品时必须考虑的一项指标。木门的一些大品牌生产厂家有一系列现代化的生产流程,对每一步的制作工艺要求都十分严格,是消费者的首选。

⑤ 服务

售后问题是消费者最关心的问题。因为很多施工工序要在木门套安装完成后才可以进行,厂家是否及时供货、安装的质量是否合格、牢固性如何、产品的外观效果是否满意、是否会出现开裂、变形等质量问题,这些都是要考虑的因素,所以在选择木门时一定要对厂家的综合服务能力做好调查,以免出现上述问题,耽误装修的工程进度,造成不必要的损失。

（3）木门安装的注意事项

① 两次测量不可少。

成品套装木门是订制产品,不仅需要一定的订制周期,而且对尺寸要求是非常精确的。因此,木门的测量有两次,一次初测,一次复尺。

初测一般是在装修队进场之后 5～7 d 进行。这个时候可初步测量一下现场门洞的内径尺寸,查看门洞是否是平墙、是否需要用木板垫,查看门洞是否在一条垂直线上。如果不垂直、平整,需要装修公司提前找平。

第二次测量是在厨房和卫生间的墙砖贴完以后,先找平地面,确定好地面的高度尺寸,这个时候门洞及墙厚的尺寸就是最终的安装的尺寸。如果有门洞改造的情况,就需要在门洞改造好以后通知复测尺寸。

② 前后衔接要分清。

这是很多业主都很困惑的问题。是先装门还是先铺地板？是先贴壁纸还是先装门？墙漆是否在装门前完成？前后工序究竟该如何衔接呢？

一般情况下，木门的生产周期是 40～45 d，到货后就可以上门安装了。

a. 与地板工序的衔接。在铺地板之前或过门石安装好之后再安装木门。有的业主会担心地板与门之间有缝隙，其实安装工人只需要知道地板的厚度就可以很好地做好门与地板之间的缝隙处理。

b. 与壁纸工序的衔接。壁纸铺贴在装门之前和之后进行都是可行的。先贴壁纸可以把壁纸贴进门套里，等装门时在门套线和壁纸接缝处，还会打一圈密封胶。后贴壁纸也可以，贴壁纸时把门套边的壁纸处理好即可。

c. 与墙漆工序的衔接。最好是在刷最后一遍面漆前装门。木门在安装过程中，有时会把门靠在墙上，并且门洞周边还会打一些密封胶，由于墙的厚度有可能有偏差，需要后补套线灰缝，装上门再刷最后一遍面漆，这可以更好地保护墙面效果，以免弄脏墙面。

群内业主满意的木门品牌是：八维木门、大自然木门、什木坊木门。

### 65. 锁具

（1）锁具按用途可分为：户门锁、室内锁、浴室锁和通道锁。

（2）锁具根据外形的差别可分为：球形锁和执手锁。

（3）锁具根据材质可分为：

① 不锈钢。其强度好，耐腐蚀，光泽亮丽，不易褪色生锈，但价格较高。

② 压铸铜。其价格适中，密度好，牢固，防锈。

③ 锌合金。其强度和防锈力较差，很容易折断。

（4）挑选锁具。挑选锁具最简单的办法，就是选择知名度高、质量稳定的大企业产品，选择大品牌锁具。因为品牌代表了规范、质量和做工等方方面面。除此之外，还应注意以下事项：

① 家庭成员。考虑家中是否有老人、儿童或残疾人士，选择方便他（她）使用的产品，比如选择触摸屏指纹锁等更人性化的产品，避免忘带钥匙产生的麻烦。

② 材质。优质的锁具会采用原生铜矿材、进口合金、食品级不锈钢等优质材料制作锁体和把手，采用进口琴钢线制作簧体，采用原生铜矿材制作锁芯，以保证优越的机械性能和开启时的顺滑。

③ 手感。执手下压和回弹时要反应灵敏，力度轻松柔和，弹性力度既不能"太软"显得绵软滞涩，也不能为了迎合"有劲"而将弹力调得过大。如果成人手感觉"弹力强劲"的话，老人和儿童（尤其是幼儿）下压把手就相对要吃力。

④ 外观。做工精致,表面镀层和防氧化层适中均匀,颜色鲜艳,没有气泡、生锈和氧化迹象,有的锁具产品还带有防静电层,解除了冬季易带静电的烦恼。

⑤ 考虑经济承受能力并结合家庭经济状况选择产品。

⑥ 考虑与装饰环境的协调:根据个人喜好,购买时应考虑锁具与居室的装修风格协调一致。

(5)安装时要注意:

① 锁具不能装在湿度大的木框门上,以防腐蚀。

② 进户门锁与防盗门的间距不能小于 80 mm,否则防盗门无法关上。

③ 锁具正式安装应在刷完油漆后,之前可先试装。

(6)超 B 级防盗门锁芯。

出于成本等方面的原因,一些防盗门锁采用了防盗效果较差的普通锁芯。以更高的安全性方面考虑,可以考虑将防盗门锁芯更换成有品牌保证和正规销售渠道的超 B 级锁芯,其防盗效果较好。

超 B 级锁芯是由有关部门监测以技术无法开启或技术开启超过 270 min 为标准。其钥匙特点为:平板型、单面或双面有蛇形槽。优质的品牌锁芯采用原生铜矿材制造,开启顺滑。

(7)其他家用五金件的选用。

其他家用五金件大多处于需要承受重压的隐蔽位置,就更要选用优质的名牌产品,以保证使用效果。

合页:优质的合页能够保证门窗的开合自如。优质合页采用高精密度静音全轴承结构,内部为进口钢珠,无漏油,手感顺滑。

门吸:优质门吸用料厚实耐撞击,吸力部分采用稀土材料制作,吸力强劲持久。

铰链:优质铰链采用阻尼液压设计,具有柔顺静音、柜门开合有缓冲,缓慢关闭,不易夹伤人的特点。

滑轨:一般用于抽屉和托盘。优质的滑轨用料厚实,内带滚珠,带有静音自关缓冲的功能,且承重力大,耐压、耐磨不变形。

群内业主满意的锁具品牌是:三环锁具、荣事达智能指纹锁、凯迪仕智能锁。

# 第六章 工程验收篇

## 66. 水电工程验收

隐蔽工程完工后必须验收合格才能进行下一道工序,验收时施工方、业主和监理都要到场。

(1)水路验收

① 检查水管的走向是否合理,是否存在过多的转角和接头;上、下水走向要合理,布管横平竖直,避免有过多的转角和接头。

② 检查水管及管件是否符合用户使用要求(应该尽可能地使用质量好的水管以及水管配件);管材表面无硬伤划痕,水管与电源、燃气管间距不小于 50 mm。

③ 检查软管是否有死弯,连接距离是否大于 1 m(软管的连接距离应该尽可能地短一些);冷热水管的出水弯头应在同一平面同一弯度,左热右冷,相距 10~15 cm,并处在下水口的正上方。

④ 管路必须安装牢固,通水后不能有抖动、松脱现象,连接处无渗漏(目测或者使用柔软的白纸测试)。

⑤ 上水管应做打压试验,压强一般为 0.6 MPa,封闭 24 h 而无渗漏;下水管做排水试验,通水顺畅,不漏水、泛水。

⑥ 检查软管处是否安装截门(防止水管开裂以后无法更换)。

⑦ 下水的检查就是采取排水的方法。

(2)电路验收

防水工程的验收,是为了不让水渗漏出去,而配电的验收是为了让线路畅通无阻,不出现短路以及断路的现象。验收人员应该按照先后次序,对下面的项目进行检查:

① 电线应为活线,用手来回抽线管内电线,应能轻松灵活地抽动。

② 强、弱电要分开,之间保留一定距离,并符合"左零线右相线"的规范。

③ 所有电线接头都应留有 15 cm 的余量,导线在线管内不应有接头和扭结,遇到转角,保持电线圆弧状拐弯。

④ 漏电保护器按钮灵活,各回路绝缘电阻值不小于 0.5 MΩ。

⑤ 电线穿管时，管内电线的总截面积不应超过管内径截面积的40%。

另外，验收检查合格后一定要注意保存好水电路施工图纸，并要求图纸与实际相一致。

此外，还需检查的是：

① 各种材料是否符合设计要求；

② 线管是否固定；

③ 线管连接是否牢固；

④ 电线是否有接头，接头是否牢固；

⑤ 电视电缆是否存在接头，如有接头必须更换，或在接头处使用分置器；

⑥ 电话线是否存在接头，如有接头必须更换；

⑦ 暗盒是否安装方正，是否布置在要求的高度；

⑧ 施工队是否在敷设线管的部位作标记；

⑨ 暗盒位置是否合理，线管走向是否合理，以及线接头位置是否合理。

提示：配电验收还有一点应该注意，就是地线的问题，施工人员应该按照施工工艺对地线进行布置。

### 67. 防水及其他工程验收

（1）防水工程验收

防水工程验收应保证不能出现渗漏现象。

① 验收人员在准备验收的房间门口做15 cm高的挡水墙。

② 在房间里放10 cm深的水，同时做好水面的高度标记。

③ 24 h以后验收人员观察水面高度是否发生了变化，同时还要检查楼下相同位置房间的天花板是否出现渗水现象。

④ 如果水面高度未发生明显变化且无渗水现象，验收人员即可认为防水工程施工验收合格。如验收不合格，防水工程必须整体重做后，重新进行验收；对于轻质墙体防水施工的验收，应采取淋水试验，即使用水管在做好防水涂料的墙面上自上而下不间断喷淋3 min，4 h以后观察墙体的另一侧是否会出现渗透现象，如果无渗透现象即可认为墙面防水施工验收合格。

提示：对于地面防水验收所做的第一步工作，就是常说的闭水试验；由于轻质墙体容易出现渗漏现象，而常规检查对这部分又容易遗漏，所以，业主可以采取上述验收方法。

（2）地板木龙骨的安装验收

① 检查木龙骨的规格是否符合设计要求（一般最好不小于2 cm×3 cm）。

② 检查木龙骨的间距是否符合木地板安装的要求（每条地板最少要架在两

条龙骨上）。

③ 检查木龙骨是否存在松动现象（可以上去踩一踩）。

④ 检查木龙骨上平面是否平整（用 2 m 靠尺检查）。

⑤ 检查木龙骨与地面的间隙是否用木楔而不是用木块塞垫。

⑥ 检查固定木龙骨所使用铁钉的长度是否能够满足长期使用的要求,而且不会出现松脱现象。

⑦ 检查高档安装是否符合设计中的要求。

⑧ 检查木龙骨与墙体的交界处是否留有伸缩间隙（以免发生受潮变形）。

提示:有人认为,实木地板容易出现变形,使用寿命比较短,但是,做好以上验收工作,其使用寿命就会大大增加。

（3）门窗套及吊顶验收

① 门窗套口垂直方正,要与墙体结合牢固。

② 隔断墙与吊顶采用轻钢龙骨结构,要求垂直、平整,与原结构主体结合牢固。

③ 吊顶龙骨必须用配套胀栓吊顶固定,用专用龙骨接头对接。

（4）墙顶面验收

① 腻子一定要干透,表面应平整、光滑,没有裂纹。

② 墙面与墙面、墙面与天花板交接顺直,与木制品间也界限清晰。

# 第七章　软　装　篇

### 68. 灯具

照明产品的使用已经成为家庭装修中需重点设计环节。优质的照明,不仅能够满足人们各种活动,还可以为居室营造出业主需要的氛围。

（1）照明产品的选择

照明可以将居室空间、色彩和个人情趣相结合。

① 客厅是亲朋好友相聚最多的地方,照明产品的选择必须灵活、实用。房间层高较高,宜用白炽吊灯或圆形吊灯,使客厅显得富丽堂皇;房间层高较低,可用吸顶灯来保证客厅明亮简洁,也可根据需求安置落地灯或者壁灯,为客厅带来现代和时尚气息。

② 餐厅是承载家人欢乐、享受美食的场所,照明产品可以选择外表光洁、玻璃或金属质地的落地灯、壁灯,通过调光器,轻松营造出暖色氛围,让用餐变得更加愉悦。

③ 卧室一般不需要很强的光线,具备中性、柔和光线的照明产品是不错的选择;壁灯宜使卧室光线柔和,利于休息;床头柜上可安放母台灯,大灯作阅读照明,小灯供夜间起床用。

④ 书房是人们学习和工作的重要空间,除了主照明外,还应该配备阅读用的护眼台灯。儿童喜欢多种光,但必须注意使用灯具的安全性。

⑤ 沐浴间要特别重视安全性,防水、防雾的壁灯是不错的选择。

（2）灯具的配置

① 选购合适的灯具。

灯具按造型可分为 4 种:吊灯、台灯、天花灯和下照灯。

多头吊灯多用于客厅,而单头吊灯则用于卧室或餐厅;台灯用于卧室床头柜、矮柜或书房写字台;天花灯、吸顶灯适合装在过道、厨房、卧室、阳台、门厅等。

② 选购灯具要根据空间功能合理安排。

门厅宜用吸顶灯或壁灯,规格、风格应与客厅配套。客厅以吊灯或吸顶灯为主灯,搭配辅助灯饰,层高大于 3.5 m 可选大型吊灯,层高在 3 m 左右宜用中小型吊灯或吸顶灯,层高小于 2.5 m 宜用吸顶灯或不用主灯。

餐厅一般用垂悬吊灯,色调应温暖柔和,布置在餐桌正上方,高度在视平线上即可。

书房要求光线明亮柔和,避免眩光,用白炽灯较为合适。

卧室要求光线应均匀不刺眼,可用柔和的吸顶灯或吊灯作基本照明,另以壁灯、台灯等作辅助。

厨房灯具的选择以防水、防油烟和易清洁为原则,可在操作台上设置亮度较高的散光型吸顶灯。浴室则可安装集照明、加热、换气为一体的浴霸。

(3)灯具的选购

漂亮的灯具让人眼花缭乱。除了外观之外,灯具安全等问题也是值得重视的。如何选择适合自己居室,安全又美观的灯具呢?

第一,看标记。商标、型号、额定电压、功率等标记应齐全正确,额定功率一定要与实际需求相符,还应有使用说明书。

第二,安全。带电部件有罩盖,灯泡旋入后应触摸不到带电部件,厨卫灯具一定要有防潮灯罩,以免潮气浸入导致其锈蚀损坏或线路漏电短路。

第三,导线。导线最小截面积不小于 0.5 mm²,否则易短路。

第四,外观。外观精致,结构合理,没有锐边毛刺,以免损坏导线绝缘层,导致短路或外壳带电。同时,外壳应有一定厚度,以免变形或与镇流器共振发出噪声。对于电子镇流器,可选用反常保护电子镇流器,以保证灯管损坏时镇流器仍能正常工作。而电感镇流器可选用 TW 值高的,如 TW130。

第五,要注意环境。房间高度低于 3 m 不宜选购长杆吊灯或高垂度水晶灯。

灯饰面积不宜大于房间面积的 2%～3%,如照明不足,可增加灯具数量。

灯饰重量不能超过顶部承重能力。

灯具并不是越亮越好,应根据居室面积选择照明瓦数,如面积为 15～18 m²,可选用瓦数为 60～80 W,面积为 30～40 m² 则可选用 100～150 W 的。

群内业主满意的灯具品牌是:艺尚美灯饰。

### 69. 墙纸

(1)墙纸的分类

① 目前市场上的墙纸主要有五种:

第一种是 PVC 塑料类,它是最常用的,花色品种丰富、耐擦洗、防霉变、抗老化、不易褪色、价格适中,最好选择经过环保认证的进口墙纸。

第二种是纯纸类。其无异味、环保性好、透气性强,但耐潮、耐水、耐折性差,不可擦洗,一般用于儿童房。

第三种是织物纤维类(也称无纺布)。其不易褪色,抗折、防霉、阻燃、吸音、无气味、透气性好、可以擦洗,但价格贵。

第四种是金属类。其耐抗性好,效果典雅高贵,一般作为特殊效果小区域采用,但不能贴在导电处,否则有触电危险。

第五种是织物纤维类。这种墙纸质感好、无毒无味,吸音防潮、清凉通气、可擦洗,价格较高。

② 选购时的用量计算公式如下:

$$墙纸卷数＝房间周长×房间高度×(100＋K)/每卷平方米数$$

周长包括门窗在内的房间总长度,但落地窗与嵌入式壁橱不计在内。$K$ 为壁纸损耗率,一般为 3～10。大图案墙纸,其拼缝对花复杂,因此损耗率较大。

另外,墙纸花距损耗分为无损耗、26 cm、53 cm、55 cm、65 cm 等五种。标准墙纸每卷可铺 5.3 m²。

(2) 墙纸的选购

选购墙纸时要注意以下问题:

首先,所购墙纸的编号与批号要一致。有的墙纸编号相同,但生产日期不同,可能有细微色差,影响效果,所以选购前最好先估算一下用量,一次性买足同批号的墙纸。

其次,选购时查看墙纸的表面是否存在色差、皱褶和起泡,花案是否清晰、色彩均匀,应选光洁度好、配色柔和协调的墙纸。

接着,用手摸墙纸,纸的薄厚应一致,选择手感较好、凹凸感强的产品,可以裁一块墙纸小样,用湿布擦拭表面,看是否有脱色现象。

然后,闻墙纸有无刺鼻气味,如果有异味,很可能是由于甲醛、氯乙烯等挥发性物质含量较高。

最后,不同质地、花色的墙纸,用量也不一样,购买时要考虑到损耗问题,最好多买一些,留出余量,以备修补时使用。

另外,贴墙纸用的胶水要选择环保健康的。

群内业主满意的墙纸品牌是:金喜善软装。

## 70. 无缝墙布

墙布,又称"壁布",它是裱糊墙面的织物。它用棉布为底布,并在底布上施以印花或轧纹浮雕,也有以大提花织成。所用纹样多为几何图形和花卉图案。

(1) 墙布的特点

无缝墙布具有整墙无缝拼接、环保无味、护墙耐磨、隔音、隔热、抗菌、防霉、防水、抗静电、防油、防火阻燃、防污等特点。

（2）墙布的优势

墙布具有防火、吸音隔音、节能低碳、绿色环保、无缝耐用和软度保护等优势。

（3）选购墙布的原因

① 墙布在装饰装修材料当中是比较环保的材料品种,它不但在使用中对人体无害,而且从原材料到成品的生产过程中,对环境也不会产生污染。墙布黏合剂也是非常环保的,是用粮食淀粉制造而成。

② 墙布款式花色品种繁多,不论什么风格的装修或在什么场所使用,都有配套的款式。

③ 墙布在价格方面可以满足不同层次的需要,有 $10 \sim 1\,000$ 元/m² 可供选择。

④ 墙布使用方便,经久耐用,可擦可洗,更换容易。墙布一般正常可使用 10 年。轻微的污迹用湿抹布即可擦掉,严重的如油烟、食品残渣、钢笔涂鸦等用家用清洁剂即可擦掉。

（4）挑选墙布的要点

看:看一看墙布的表面是否存在色差、皱褶和气泡,墙布的图案是否清晰、色彩均匀。

摸:用手摸一摸墙布,感觉对其质感是否满意,其薄厚是否均匀一致。

闻:这一点很重要,如果墙布有异味,很可能是甲醛、氯乙烯等挥发性物质含量较高。

擦:可以裁一块墙布小样,用湿布擦拭表面,看是否有脱色的现象。

（5）选购墙布的方法

① 首先确定装修的总体造价和总体装修风格以及装修的主体材料。

② 然后根据预算,挑选自己需要的墙布材质。墙布的成本与其布料厚度有直接关系,越厚的墙布质量越好,但是即便是偏薄的墙布其抗拉扯强度也非常高。

③ 最后根据风格确定墙布的选择。在选择品种花色当中,第一要遵循风格配套,第二要适合使用的场所(如儿童房间有专门的版本,公共场所有工程墙布,餐厅有专门为餐厅设计的墙布),第三要符合自己的审美观以及色彩的搭配。最好由业主提出要求再由装修设计师选择适当几款供业主从中选定。

（6）使用量测算

① 使用面积的估算一般按照房间地面使用面积的 2.5～3.5 倍计算。

② 也可以请专业人员实地测量,这样比较精确。

群内业主满意的墙布品牌是:金喜善软装。

### 71. 硅藻泥

(1) 硅藻泥概述

硅藻泥是一种天然环保内墙装饰材料,它是以硅藻土为主要材料,配制的干粉状内墙装饰涂覆材料。硅藻,是生活在数百万年前的一种单细胞的水生浮游类生物,而硅藻的沉积物经过亿万年的积累和地质变迁成为硅藻土。硅藻泥采用粉体包装,并非液态桶装。

(2) 硅藻泥的选购

① 购买前最好先货比三家,多了解相关硅藻泥的产品信息。要认真鉴别产品,对不同品牌、包装的产品,要从质量、价格、服务、企业信誉等方面综合考虑,真正的硅藻泥很容易鉴别,1 m² 墙面 1 min 内大约吸水 1 kg,且不花色、不流泥。

② 硅藻泥作为一种新型的功能性室内装饰壁材,品牌众多,购买时要注意如下几点:

a. 功能性:吸水性硅藻泥本身具有无数微孔,其独特的分子筛结构,决定其具有极强的物理吸附特性和离子交换功能。

b. 装饰性:质感厚重,肌理图案自然朴素。

c. 耐久性:时间久了也不褪色、粉化、掉渣、剥落等。

d. 环保性:健康环保,零甲醛、零污染、零 VOC。

(3) 辨别真假硅藻泥的方法

第一,看色泽。真正的硅藻泥色泽柔和,分布均匀,呈现哑光色,具有泥面的效果。而假冒的硅藻泥会呈现油光面,色彩过于艳丽,有刺眼的感觉,长期使用易脱色、花色。

第二,试手感。真的硅藻泥摸起来手感细腻,有松木的感觉,其肌理图案做工精细,流畅大方,艺术冲击力强。而假硅藻泥摸起来粗糙坚硬,像水泥和砂岩,其肌理图案死板僵硬,美感全无。

第三,看吸水性。由于真正的硅藻泥具有多孔性和分子筛结构的特性,通过向硅藻泥墙面喷水来证明其具有丰富的孔隙。用喷壶将水流反复喷于硅藻泥墙面,真正的硅藻泥墙面上的水会迅速被吸收,用手掌轻轻触摸喷水墙面,手掌无水渍、掉泥、掉色、脱落等现象,还散发出一种淡淡的泥土芳香。而假硅藻泥墙面喷水后,水会顺墙面流淌下来,吸水量极少,无法修补。另外,假硅藻泥喷水后有一种呛鼻的刺激性气味或因胶多结板固化而无味。

群内业主满意的硅藻泥品牌是:北疆硅藻泥、蒙太奇硅藻泥、春之元硅藻泥。

### 72. 窗帘

（1）窗帘分类

窗帘按款式可分为:平拉式、掀帘式、楣帘式、百叶帘,不同的窗户要用不同的款式和面料。

平拉式:分一侧平拉式和双侧平拉式,式样简洁,大小随意,悬挂和掀拉方便,大多数窗型普遍适用。

掀帘式:可一侧掀或向两侧掀,弧线柔美,装饰性强。

楣帘式:可遮去窗帘轨及窗帘上方到天花板之间的空白墙面,式样复杂,装饰效果好。

百叶帘:可根据光线强弱上下升降,适用于宽度小于 1.5 m 的窗型。

（2）窗帘款式和面料的选择

① 款式选择

卧室窗,窗型短而宽,宜用落地帘;

观景窗,面积大,用布多,可用带拉绳等机械装置的,重型帘轨;

大型凸窗,可由几幅单独帘布组成落地窗帘,再通过帘盒连接为一个整体;

小型或弧形凸窗,宜采用双幅帘;

厨卫窗,要选择实用性强且易洗涤的布料,能经受蒸汽和油污。

② 布料选择

布料选择还取决于房间对光线的需求量。对光线要求不高,一般可用素面印花棉质或麻质布料;光线不足,可用薄纱、薄棉或丝质布料;光线过足,选用稍厚的羊毛混纺或织锦缎窗帘。

群内业主满意的窗帘品牌是:金喜善窗帘。

### 73. 地毯

（1）地毯的分类

地毯分纯毛、混纺、化纤和塑料地毯。

（2）地毯的款式

地毯铺设包括满铺和拼块。

满铺有宽敞整体感,适合大面积整体空间,如卧室、客厅;拼块铺设更换方便灵活,选择性大,适合局部铺设。

（3）地毯的优劣区分

好地毯具有防污染、防静电、防霉、防燃、耐磨损、耐腐蚀的特点。

好地毯就要毛绒密织均匀,手感柔软,倒顺一致,有弹性,无硬根;差地毯混有发霉变质的劣质毛及腈纶丙纶纤维等,粗细不均,密度稀松,易倒伏变形。

好地毯图案清晰,色彩均匀,花纹层次分明,绒面平整稠密有光泽,无破损、污渍、褶皱、色差、条痕及修补痕迹,毯边无弯折;差地毯做工粗糙,色泽暗淡,图案模糊,漏线和露底处多,重量轻。

好地毯厚薄均匀,不黏不滑,回弹好,脚踩即恢复原状,无倒毛;差地毯就弹力小,脚踩后复原极慢,脚感粗糙,有硬物感。

（4）地毯铺设位置

走动频繁区,地毯应密度高、耐磨,低活动区,可选毛绒高且软的地毯。

楼梯地毯要耐用防滑,不能用长毛平圈绒毯。

易脏区宜选经防污处理的地毯。

（5）地毯尺寸

地毯尺寸可根据室内面积和地板形状定做。

$$满铺地毯面积＝铺设面积＋8\%～12\%损耗量$$

$$楼梯地毯面积＝楼梯面积×1.52$$

### 74. 床垫

（1）床垫的材质

床垫有三种基本类型:弹簧式、泡沫式和填充式。

① 弹簧垫较为常用,床垫质量取决于弹簧数量,越多越好,一般为 500 个左右,至少不能低于 288 个。

② 好的泡沫式床垫至少 11 cm 厚,厚度不够不宜购买。

③ 填充式床垫的承受能力取决于弹性和填充物质量,要有弹性底座支撑。

弹簧床垫从下到上依次分为四层:最低层是弹簧;毛垫或毡垫在弹簧上面,保证床垫的结实耐用;再上是棕垫层、乳胶或泡沫等软材料,能保证床垫的舒适度和透气性,最好选择有杀菌环保效果的泡沫材料;最上面是纺织面料,填充物有木板、弹簧、山棕、椰棕、海绵等。

海绵垫较柔软,湿度较大,要经常晾晒;椰棕垫较硬,透气性较差,保养不好易滋生细菌;山棕垫较硬,透气性良好,不会滋生细菌;海绵垫和棕榈垫价格相对便宜。

（2）床垫的选购

① 好的床垫能使脊柱保持平直、舒展,压强均等,软硬适中。

② 先确定床的大小尺寸后再订购床垫,排骨床比普通床架更适合使用

床垫。

③ 床垫应厚薄均匀,大小合适,四周围边顺直平整,垫面包裹饱满均匀,面料图案均匀、干爽平滑,绗缝针线松紧一致,无褶皱、浮线、断线、跳针。

④ 框架要硬实,竖起时能立稳。试压床垫,手感软硬适中,有一定回弹性,无凹凸不平、床沿下陷或内衬移动现象。边角也应有弹性。

⑤ 仰卧时腰背部都能贴着床垫,若是与床垫有空隙说明床垫太硬,全身下坠则是太松软,会导致腰酸背痛。

⑥ 弹簧须经整体热处理,合格弹簧在拍动时有均匀的弹簧鸣声,生锈、劣质弹簧有摩擦声,会塌陷。

⑦ 床垫面料多为织棉布和化纤布,进口织棉布更结实卫生,并采用抗菌处理。

⑧ 有的床垫围边处有网状开口或拉链装置,可检查内部结构。

（3）床垫的使用

① 要根据使用者的情况来选择合适的床垫。

a. 婴幼儿的骨骼柔软,床垫支撑力要好,柔软度中等为宜,不能太厚。

b. 年轻人宜睡稍软的床垫,肩臀部能陷入床垫,腰部可以得到充分支撑。

c. 体重大宜睡较硬的床垫,其与身体每个部位贴合,颈部与腰部得到良好支撑。

d. 中老年人最好选硬度适中或稍软一点的,不能太软,否则久睡,易椎间盘突出,导致行走困难和腰腿疼痛。

e. 双人床垫应在空间允许条件下尽量选择宽床垫,床垫长度以身高加20 cm以上为宜,预留放枕头空间,避免床垫过短身体蜷曲。

② 使用时要注意:

a. 新床垫需每三个月做前后和上下面的翻转,让每一部分受力均匀。

b. 不要在床垫上站立或跳跃,不能长期坐在边缘。

c. 床垫使用时要避免明火,不要在床上吸烟。

d. 不要用水或干洗液清洗,弄湿后应立即用抹布吸水并吹干。

e. 不能用床垫提把举起或拉抬床垫。

群内业主满意的床垫品牌是:香港特奈沙发软床。

## 75. 沙发

（1）沙发选购的一般原则

选购沙发的时候,不能只考虑外观造型,还要从材质、配件上重点观察。

购买沙发时要用不同的姿势试坐,坐面与靠面均为符合人体生理结构的曲面,让背部、颈部能更好地贴合,徒手重压沙发无明显凹陷,弹簧间无摩擦声、撞击声,坐下去能直接接触到底部的沙发不宜购买。

沙发的功能尺寸应合理,一般座前宽应大于等于 480 mm,座高为 360～420 mm,扶手高 250 mm。订制沙发时,尺寸一定要与房间大小协调,沙发框架应该是榫眼结构,不能通用钉子连接,结构要牢固不松动。

同时,沙发的内部结构用料不能用腐朽、虫蛀的木材,木材含水率不能超过 10%。

弹性材料包括海绵和弹簧,要求耐压性强、弹性好、密度适中。弹簧要做防锈处理,坐垫和靠背泡沫塑料应达到 22、25 kg/m³,手感不能太松软,还要使用安全卫生的衬垫,不能选用旧料或霉烂变质材料。

面料要整洁无破损,拼接图案完整,无明显色差,外露木制部件的漆膜光滑、色泽均匀。

(2) 皮质沙发的选购

选购皮质沙发应注意以下几点:

首先,辨真伪。皮沙发有真皮和仿皮之分。真皮即天然皮革,仿皮是人造的。真皮有不规则的天然毛孔和皮纹,指压呈散开状细皮纹,仿皮则没有,或为人工仿制;真皮横截面疏松,仿皮则较致密;真皮有动物腥味,仿皮则是刺激性气味;真皮上色牢度好,色泽均匀,以湿布用力在表面擦拭,不会掉色,皮面整洁饱满,手感柔软富有弹性。

然后,看种类。要注意皮质沙发还有真皮和全皮之分。真皮指的是沙发与人体接触的部分,如坐垫、靠背、扶手为皮质,其他部分不采用皮质,全皮则所有表面均为皮质。皮革中柔软厚实的牛皮最受欢迎,其中野牛皮、青牛皮皮质最好,头层皮质量最好。

接下来,试一试骨架。抬起沙发一角,离地 10 cm 时另一腿角也应离地,则为合格。

再者,查看一下填充材料。用手按沙发的扶手及靠背,如果能明显感觉到木架存在,说明填充密度不高,弹性差。测一测回弹力,身体自然坐在沙发上,站起后沙发表面皮质不皱,则说明弹性良好。

最后查看底部,沙发腿应平直,表面光滑,底部有防滑垫。

(3) 布艺沙发的选购

① 检查面料质量。

辨别沙发面料种类时可用手触摸,提花面料有凸凹的立体感,价格略高;印花较为平整,则价格低。面料应该经过防尘、阻燃处理,细密平滑,与扶手、座背结合处过渡自然,无碎褶,手感有绷劲。

现在的布艺沙发一般是活套结构,面料除了好看、舒服,还应厚实、耐磨,表面不易起球。

② 检查框架牢固性。

查看框架材料时,最好掀起底布,木质框架应无蛀虫、槽朽、疤痕,铁制框架的焊接口应该结实、光滑、不明显。还要看垫层,高档沙发底面多采用尼龙带和蛇簧交叉网编结构,上面封层铺垫高弹泡沫、喷胶棉和轻体泡沫,这样的沙发回弹好,坐感舒适。中档沙发多以胶压纤维板为底板,上面分层铺垫中密度泡沫和喷胶棉,回弹性稍差,坐感偏硬。沙发泡沫应用高弹泡沫海绵,坐垫密度在 45 kg/m³ 以上,背垫在 30 kg/m³ 以上,人体坐下后应凹陷自然,沙发、座背、倾角及背部弧度与人体腰、背、臀及腿弯部位应贴切吻合,坐感舒适,起立自如,站起后与身体接触部位的面料,无明显松弛和褶皱。

群内业主满意的沙发品牌是:香港特奈沙发软床、玮旭家居(皮尔小镇核桃木皮沙发)。

**76. 松木家具**

松木家具以自然生长的松树经脱脂烘干而制成,其风格素雅、质感朴实,弹性和透气性好,自然环保,经久耐用。

(1)松木家具有两种类型:

① 传统松木家具。此类家具全部由松木制成,自然朴实,风格严谨、古雅。

② 现代松木家具。此类家具由松木和布艺、金属搭配制成,现代感强,更注重功能实用性。

(2)选购松木家具有五点注意事项:

第一,木材纹理清晰,用手摸表面应平滑细腻,没有尖锐突出物,轻敲木材应声音清脆,如沉闷则是有断裂或不牢固。

第二,木材厚度标准为 1.8 m,含水率不超过 10%,年轮越密越好,一般以新西兰、加拿大、丹麦的松木为主,大多为原木色,切忌选择染色木材。

第三,轻压家具各受力点,如柱角、抽屉或架子支撑处,应结实稳固,检查抽屉的滑动和定位,所有门扇安装得当,使用无障碍。

第四,环保优质的松木家具会散发淡淡的松香,如有刺鼻油漆味,则是用了劣质清漆或经过化学剂加工处理,不宜购买。

第五,松木家具的结疤分活结和死结,如果结疤颜色发黑、有空隙、纹理杂乱独立或有乳胶相黏痕迹就是死结,易脱落留下孔洞,影响美观。

群内业主满意的松木家具品牌是:玮旭家居(香木阁香柏木家具、柏嶺庄园香柏木家具、美汀海岸柏木家具)。

### 77. 实木家具

（1）实木家具概述

实木家具是指用天然木材制作成的家具，这样的家具一般都能看到木材本身的花纹。

根据实木用材比例及工艺，实木类家具可以分为三类：

① 全实木家具：所有木质零部件（镜子托板、压条除外）均采用实木锯材或实木板材制作的家具。

② 实木家具：基材采用实木锯材或实木板材制作，表面没有覆面处理的家具。

③ 实木贴面家具：基材采用实木锯材或实木板材制作，并表面覆贴实木单板或薄木（本皮）的家具。

根据实木属性，家具可分为两类：

① 实木锯材类家具：也称天然实木家具，是指采用实木锯材为基材制作的家具。

② 实木板材类家具：采用实木板材为基材制作的家具。

（2）实木家具的选材

① 现在市面上的实木家具分实木家具和仿实木家具。实木家具在板面的正反面都有相应的木纹和结疤。

② 实木家具一般采用榉木、白橡木、水曲柳、榆木、楸木、橡胶木等，高档红木家具主要采用花梨木、鸡翅木和紫檀木。

（3）选购实木家具的注意事项

一是框架不松动，抽屉和门框不倾斜。

二是榫头眼位没有歪斜，无眼孔过大或榫头不严现象。

三是配件没有少件、漏钉、透钉。

四是重型家具应在角位、背板、抽屉等处用螺钉紧固。

五是主要受力部位没有大的节疤或裂纹。

六是要注意家具的稳定性：

① 按板面没有虚空、不实或颤动感；

② 轻推家具的上角或坐在一边应感觉牢固；

③ 两个柜门打开 90°，用手向前轻拉，柜体不能自动前倾；

④ 穿衣镜和梳妆台要安装后背板，玻璃要经磨边处理，并以压条固定；

⑤ 家具表面要平滑平整，台脚等部位无毛糙，漆膜无皱皮、发黏、气泡和漏漆，无涂刷条痕；

⑥ 边角不能为直棱直角。

群内业主满意的实木家具品牌是：玮旭家居（金丝木悦家具、欧丽尔核桃楸木家具）、健威家具（白蜡木）。

### 78. 板式家具

（1）板式家具概述

板式家具以刨花板中密度纤维板和人造板为基材，表面饰以三聚氰胺、PVC、木质薄木盒纸质木纹等覆贴面，以五金件连接，款式新颖，色彩鲜艳，不易变形开裂，防蛀，价格适中。

（2）选购板式家具注意事项

板式家具因其板材不易变形、色彩多样、拆装方便，备受消费者青睐。而只要掌握一些小技巧，就能轻松选到中意的板式家具，营造出温馨的居室。

① 五金连接件

五金连接件是最直观的质量标准，良好的五金件开关自如，没有噪声，表面镀层没有剥落现象。一些高档板式家具的五金件是进口的。金属件要求灵巧、光滑、表面电镀处理完好，不能有锈迹、毛刺等，配合件精度要高。塑料件要造型美观，色彩鲜艳，使用中的着力部位要有力度和弹性，不能过于单薄。开启式连接件要求转动灵活，这样家具在开启使用中就会平稳、轻松、无摩擦声。

② 封边质量

封边质量很大程度上影响家具的质量。首先是封边材料的优劣，其次要注意封边是否有不平、翘起现象。良好的封边应和整块板材严丝合缝。贴面材料对家具档次影响很大。触摸表面漆膜来辨别贴面材料，一般高档板式家具为实木贴面，中档是纸贴面，一次成型及表面为胶贴面的价格更低一些。

③ 板材质量

仔细查看板材的边、面的装饰部件上涂胶是否均匀，黏结是否牢固、修边是否平整光滑，零部件旁板、门板、抽屉面板等下口处等可视部位端面是否采用封边处理，装饰精良的板材边廓上应摸不出黏结的痕迹。拼装组合主要看钻孔处企口是否精致、整齐，连接件安装后是否牢固，平面与端面连接后 T 形缝有没有间隙，用手推动有没有松动现象。

④ 工艺

裁锯技术、边廓平整、对角度好，无倾斜，误差 $<0.01\text{mm/m}$。饰面板材涂胶均匀，黏结牢固，修边平整光滑，封边严密平整，无不平翘起，拼装组合，钻孔处企口精致整齐，门、抽屉缝隙在 $1\sim2\text{ mm}$ 间，开启推动灵活。

⑤ 尺寸大小

家具的主要尺寸国家均有规定标准,如大衣柜规定挂衣柜内的空间应大于等于 530 mm、桌类家具规定高度为 680 mm 至 760 mm、书柜层间净空高应大于等于 230 mm 至 310 mm 等。衣柜深度开门式的为 56～58 cm,移门式的为 60～63 cm,桌子高度为 76 cm 左右。如小于规定尺寸,会造成使用不便。

⑥ 环保

打开门和抽屉,如有刺激味造成流泪咳嗽,说明甲醛超标,不宜购买。看板材截面,环保板材能看到白色新鲜的基材,且颗粒较大。

群内业主满意的板式家具品牌是:劳卡全屋定制、李赢家具、箭牌衣柜。

### 79. 藤制家具

藤制家具由植物藤蔓制成,防水性好,结构密实,富有弹性,不易爆裂且经久耐用。

选购时要注意以下几个方面:

首先来看藤材料。用于变质藤制家具的藤材主要有竹藤、白藤和赤藤,以产自印度尼西亚和马来西亚的竹藤为最佳,价格也最贵。

其次看外观。优质藤选料精细,藤材粗长、匀称而无杂色,质感平滑。劣质藤较细,韧性小,抗拉力低,易断。塑料仿制藤质地坚硬,缺少柔韧性,颜色浓重。

再次看工艺。藤材应经高温蒸汽定型,要仔细检查松紧程度,要求黏合稳固,末端无松脱、缝隙细密、等距,没有裂缝、断裂现象。

最后,还可以做一些试验。用手搓藤杆表面,特别是节位部分,应没有粗糙或凹凸不平的感觉。如果藤材表面有褶皱,说明是用幼藤加工而成,韧性差、强度低,容易折断和腐蚀,不宜购买。双手抓住藤制家具边缘,轻轻摇一下,感觉框架是否稳固,用手拂拭表面,应光滑细腻不扎手,要特别注意的是不能有斑点、异色和虫蛀的痕迹。

### 80. 儿童家具

儿童家具是指专为儿童设计制造的适应儿童心理、生理成长特点的家具。

(1)购买的关键是安全性。家具应线条圆滑流畅、表面光洁细腻,不建议选购有锐角、粗糙及大面积玻璃或镜子的家具,以免儿童被刮伤。

(2)家具强度必须符合国家标准。家具既有足够的抗冲击力,可以承受儿童的蹦跳,又有坚固的稳定性,防止儿童用力推拽时发生脱落,选购时可用力晃一下试验。床边要有护栏,结实且有一定高度,栏杆间距适当,以防睡眠中坠下跌伤。

（3）儿童家具的材料一般分刨花板、实木两种，以实木为首选，一般以松木居多。还要注意胶、漆及工艺是否存在有害物质，应使用无铅无毒无刺激的漆料，不能有异味，避免儿童中毒。

（4）家具尺寸要与人体高度配合，还要与儿童年龄和体型结合，最好选择能按照身高的变化进行调整的家具。如果儿童卧室面积较小，可以选择多功能家具以节省空间。

（5）儿童家具应易于清洁，同时还要符合儿童的童趣需求。

### 81. 红木家具

（1）红木家具的分类

红木家具按产品工艺分类可分为传统硬木家具和现代硬木家具。

① 传统硬木家具

传统硬木家具指按照传统工艺、款式以经典硬木家具为主，功能以陈设、收藏为主，制作精湛的深色名贵硬木家具。它泛指硬木高仿家具、红木古典家具、古典工艺家具等。

传统硬木家具按品种可分为：凳椅类、桌案类、橱柜类、床榻类、屏、座类、台架类。

② 现代硬木家具

a. 一种含义指在传统工艺基础上，既能体现传统家具艺术，又具有当代艺术创新，且选材讲究、制作精湛，具有知识产权和收藏价值的深色名贵硬木家具。它泛指硬木（红木）艺术家具，新海派家具等。

b. 另一种含义指以传统工艺和实用功能为主，注重产品款式和工艺、结构的创新，且具有明、清家具艺术风格的深色名贵硬木家具，包括深色名贵硬木包覆家具和软体家具。

现代硬木家具按使用场合可分为：卧房家具，客厅家具，餐厅家具，书房家具，办公家具，酒店家具等。

（2）红木种类

红木的范围确定为5属8类。5属即紫檀属、黄檀属、柿属、豆属及铁刀木属。8类则是以木材的商品名来命名的，即紫檀木类、花梨木类、香枝木类、黑酸枝类、红酸枝类、乌木类、条纹乌木类和鸡翅木类。红木是指这5属8类木料的中心部分。除此之外的木材制作的家具都不能称为红木家具。

紫檀木：紫檀是红木中的精品，主产地是印度，生长期500年左右，木料色泽紫黑，密度大、硬度高，手感非常细腻。市场上流通的紫檀家具，很少有大件产品，主要以罗汉床、写字台、书柜为主。市场价格为每吨40万元至100万元不等。

海南黄花梨木：在所有的红木家具中，黄花梨是细腻度较高的木种，它含油量很高，光泽度好，质感温润如玉，被称为木料中的"君子"。

卢氏黑黄檀：市场上卢氏黑黄檀比较少，每吨的价格在 8～9 万元之间。

酸枝木：俗称"吃醋"木头，为天然空气清新剂。只要凑近酸枝木家具，就会有一股刺鼻的酸味迎面扑来。它又分为黑酸枝、花酸枝、大红酸枝等，每种酸枝的颜色不同，质地、纹理也不一样。酸枝木生长周期 300 年左右，市场价格为 4～8万元/吨。

鸡翅木：鸡翅木又叫红豆木，诗句"红豆生南国，春来发几枝"就是对它的描述。在以颜色命名的诸多木材中，只有鸡翅木是以内部纹理命名的。鸡翅木纵切面为紫褐色深浅相间成纹。

（3）红木家具的选购

① 注意事项

a. 要选择有品牌的、值得信赖的商店、厂家、老字号。一般来讲，他们的产品质量会有保障，而且售后服务也很好，没有后顾之忧。

b. 要货比三家，对同一款式、同一品牌的商品，要从质量、价格、服务等方面综合考虑。俗话说"一分钱一分货"，真正的好东西，价格不可能很便宜的，尤其对于红木家具来说。

c. 全红木家具是靠榫卯拆装的，因此真正的红木家具不用一点胶水，不用一根铁钉，这样有利于防止家具开裂。

② 辨别方法

首先，看家具的脚是否有褪色和水浸受潮的痕迹。在南方潮湿地区，家具一般直接摆放在地面，时间长了就会出现这种情况。

其次，看包浆是否自然。一般在使用者经常抚摸的位置，会出现自然形成的包浆。新仿的包浆要么不自然，要么在不常抚摸的地方也有。

再次，看铜活件。铜活件包括面页、合页、铰链、拉手、包角、镶条、锁面等，有些材质较好的家具还会选用白铜打造，时间长了会泛出幽幽的银光。

然后，看翻修痕迹。有些布面的椅子在翻新后，原有的椅圈会留下密密麻麻的钉眼，这种椅子就是老的。有些藤面椅子，原来的藤面烂掉了，会留下穿藤的孔眼，翻过来就可以看到。

紧接着，看木纹。有些家具表面会出现高低不平的木纹，但要看仔细其是否是用钢丝刷硬擦出来的，是否与原有的木纹对应得起来。硬擦的木纹会有一种不自然的感觉。

最后，看红木家具的底板和抽屉板。

（4）红木家具的保养方法

红木家具适宜阴湿的环境,忌干燥,故红木家具特别不宜受到暴晒,切忌空调对着其直吹,春、秋、冬三个季节要保持室内空气不干燥,宜用加湿器喷湿,室内养鱼、养花也可以调节室内空气湿度。

红木家具须藏物适度,橱内存放物件,不要超过门框,如果经常硬挤硬塞,会造成橱门变形。

红木家具的红木板面一般较脆,如桌面、椅面。要经常注意防止其被碰伤碰裂,如果在使用或搬动时,发现着力处出现脱榫,一定要重新胶合密封后再使用。

台类红木家具的面板,为了既保护漆膜不被划伤,又显示木材纹理,一般在台面上放置厚玻璃板,且在玻璃板与木质台面之间用小吸盘垫隔开。建议不要用透明聚乙烯水晶板。

红木家具一般使用年代较长,所以平时要经常维护好家具表面涂料,最好每隔三个月,用少许蜡擦一次,不仅使家具美观,而且保护木质。

要保持红木家具的整洁,日常可用干净的纱布擦拭灰尘。不宜使用化学光亮剂,以免漆膜发黏受损。为了保持家具漆膜的光亮度,可把核桃碾碎、去皮,再用三层纱布去油抛光。

防止酒精、香蕉水等溶剂倒翻,否则会使家具表面长"伤疤"。遇到家具表面有污垢时,要用轻度的肥皂水洗净,干燥后,再上蜡一次,以恢复原貌,但切忌用汽油、煤油、松节油等溶剂性液体擦拭,否则会擦掉表面的涂料,影响漆的光泽。

用于保养家具的核桃油只适用于没上漆、用打蜡方式处理的家具。使用频率不宜过高,一般情况下 2～3 个月使用一次即可。在比较干燥的环境中可以适当缩短保养间隔时间,一个月左右保养一次。但是平常使用时一定要注意用量,油都有吸尘的特性,用量太大会让尘土附着,影响美观。

## 82. 客厅液晶电视

液晶电视的尺寸选择要适合,如果屏幕过大会产生压迫感,观看体验不好,而且影响视力。

通过液晶电视机最佳观看距离来确定买多大的尺寸液晶电视合适,这是一种简单可行的方法。

根据客厅宽度选择液晶电视:

① 一般面积在 20 m² 以内的客厅,最佳观看距离在 3 m 左右,如果观看距离不足3 m的,选择 32 英寸的液晶电视就可以了。

② 3.5 m 左右观看距离,40、42 英寸液晶电视是适合的。

③ 4 m 观看距离适合选择 46、47 英寸液晶电视。

④ 4.5 m 左右的观看距离,适合选择 50 英寸等离子电视或 52 英寸液晶电视。

上面的方法很简单,如果想更直观一些,可以先测量出在家观看电视的实际距离(如沙发到电视柜间的距离),随后到电器卖场以这个距离来观看电视屏幕,实际感受下该尺寸是否适合。不过要注意一点,由于电器卖场的空间比房屋客厅空间大,所有会有显得电视机较小的错觉,因此事先测量好在家里的实际观察距离,并结合自己的实际体验来作为参考才是最重要的。

### 83. 智能家居

(1)智能家居概述

智能家居是以住宅为平台,利用综合布线技术、网络通信技术、安全防范技术、自动控制技术、音视频技术将与家居生活有关的设施集成,构建高效的住宅设施与家庭日程事务的管理系统,提升家居安全性、便利性、舒适性、艺术性,并实现环保节能的居住环境。

(2)智能家居的分类

根据 2012 年中国室内装饰协会智能化装饰专业委员会发布的《智能家居系统产品分类指导手册》,智能家居系统产品共分为二十类:① 控制主机(集中控制器);② 智能照明系统;③ 电器控制系统;④ 家庭背景音乐;⑤ 家庭影院系统;⑥ 对讲系统;⑦ 视频监控;⑧ 防盗报警;⑨ 电锁门禁;⑩ 智能遮阳(电动窗帘);⑪ 暖通空调系统;⑫ 太阳能与节能设备;⑬ 自动抄表;⑭ 智能家居软件;⑮ 家居布线系统;⑯ 家庭网络;⑰ 厨卫电视系统;⑱ 运动与健康监测;⑲ 花草自动浇灌;⑳ 宠物照看与动物管制。

(3)智能家居系统的选择

① 明确个性化需求

在购买智能家居产品之前,一定要明确自己的需求功能是什么,需要哪些个性化的服务。每个家庭对智能生活的要求不同,因此对于智能家居的选购也不同。智能家居的功能可以任意组合,从而满足不同消费者对智能生活的需求。除了必备的功能,如家庭安防系统、报警系统、智能照明系统等部分外,还可以根据自己的特殊需要来安装智能家居产品,如家庭娱乐系统、背景音乐系统等,它可以让业主在家中享受到更多的娱乐。

有些消费者喜欢追求各种功能完美,盲目地安装智能家居,这其实是不明智的选择。因为有些功能是不必要的,只会使智能生活大打折扣,甚至有时候也会带来不必要的麻烦,所以建议业主根据自己的实际需求来选购产品,花费最少的钱来实现自己最必要的需求。

② 选择节能环保型产品

节能环保已成为当今社会的主题词,推动节能成为一种消费潮流和产业趋势,各行各业也都在倡导节能、环保。作为智能家居生产厂商,为用户提供既好用又节能的产品,更是不容忽视。基于计算机技术和自动化技术的智能家居控制系统,节能环保功能在照明节能中体现得最为突出,可通过各种定时事件管理、感应控制功能、亮度传感器灯光亮度自动检测等核心手段,实现照明节能等。

③ 产品及品牌的选择

选择产品时主要看的是产品的质量与外观工艺。智能家居产品除了能够带给智能的享受,好的外观工艺还可以给家庭带来美的视觉享受。有些智能家居产品将重点放在了产品的功能之上而忽略了外观设计,选购时应注意这一点。品牌的选择,一定要遵循"货比三家"的原则,选择一家优秀的智能家居品牌厂商是规避风险的一个好的方法。因为大品牌的厂商,对于产品的质量是有保障的,并且技术水平也是能够保证的。消费者在选用智能家居时一定要尽可能地选择信誉好、知名度高的品牌。

④ 远程控制功能

远程控制是指通过遥控器、定时控制器、集中控制器或电话、手机、电脑等来实现各种远距离控制。智能家居就相当于一个家庭的智能控制中心,把家电控制、家庭安防和监控、家庭信息终端以及家庭数字娱乐整合到一起。因此,在购买时请检验是否可以通过网络来访问智能终端,并操作体验。

⑤ 集成功能

智能家居集成是利用综合布线技术、网络通信技术、安全防范技术、自动控制技术、音视频技术将家居生活有关的设备集成。对家庭设备采用的是集中统一控制的方式,所以核心应该是有一个通信协议、一个系统平台、一个解决方案,相当于电脑的操作系统。而对应的具体产品,如安防产品、监控产品、灯控产品、多媒体产品等,都是可以集成在这一个系统上,通过系统的通信协议,使各个子系统相互连接,互通信息,操作上可以相互控制。

⑥ 产品售后服务

对于每个厂商来说,产品的售后服务是企业发展的重要因素。消费者在购买大件消费品时会非常注重售后服务的质量,尤其是在购买智能家居产品时,这就显得更为重要。

群内业主满意的智能家居品牌是:荣事达智能家居。

### 84．网购家电

当下,迅猛发展的互联网给人们提供了一个方便快捷而又省钱的购物方式——网购。对于网购,不少人还是会存在疑惑,特别是网购大件的、价格比较高的大家电,虽然大部分消费者现在已经普遍接受,但在网上购买这些大家电是否可靠呢?

目前,一些网上商城具有很大的知名度和很多受众群,它们为消费者在购买家电时提供了更多的渠道和选择。特别是年轻人,已经习惯在网上购买服装、书籍、食品、化妆品等小物件,养成了网购的习惯,所以尽管家电的价格少则上千元,多则上万元,也容易被他们所接受。而且,各网上商家会以低价格进行销售,所以对于消费者来讲,网购大家电往往比在实体店节省很多资金。

不少消费者表示网上太便宜的家电可能并不可靠。促销不过是为了吸引更多消费者关注的一种广告行为,低价促销本质上起到的是宣传作用。如果正常家电的价格太低,或多或少会存在一些问题。因此,部分消费者并不看好网购家电的质量。

以作者的经验来看,网购家电基本上是不会出现问题的,但也不可否认的一点是,网购家电时存在着一个重要的环节,那就是物流。有些家电本身是没有质量问题的,但是不排除在运送的过程中因运送不当而导致其损坏。

所以,消费者在网购家电特别是大家电的时候,尽量在一些知名度比较高、消费者满意度比较好的电商网站购买,而且还需要确认售后服务条款,确保可以享受与实体店渠道一样的服务。

### 85．网购建材

网购建材现在成为一些消费者的选择,但是网购建材也有很多地方需要注意。

（1）一些装修主材不适合网购

并不是所有的装修主材都适合网购,否则可能产生很大麻烦。这些主材包括① 瓷砖、地板类产品,这些产品体积大、质量重,不但运费高、容易损坏,而且如果用量算不准,补、退砖也很麻烦,还非常容易出现色差;② 陶瓷卫浴类产品,这类产品在运输途中釉面容易被刮坏;③ 以玻璃为主材的家具、建材产品,这些产品在运送途中容易出现破损;④ 漆面家具,这类家具在运输途中容易磨损漆面、划伤釉面,影响产品美观;⑤ 大型吊灯,这类吊灯价格昂贵,配件较多,安装也比较复杂,不适合网购。

（2）网上的产品与实体店产品作对比

很多消费者在收到实物后,会发现与自己在网上看到的不一样,尺寸也与自己想象的不相符。因此,若想在网上购买家具等大件家居产品,首先应尽量选择当地有实体店的品牌,在网上看好后,再到实体店对比一下,这样既能够对品牌多一些了解,又能使售后服务有所保障。另外,一般卖家会在网上标注商品的具体尺寸,在选购时也要亲自量一量,不能只凭想象,以免选择不合适的尺寸。

(3) 保留聊天记录,网签售后服务合同

网购装修主材时,业主最好与卖家谈好售后服务条款,如退换方式、保修期限等,并保留好聊天记录等,一旦出现纠纷可作为证据。可能的话,最好网签一份售后服务合同,以保障自己的权益。

# 第八章 装修污染

### 86. 家庭装修污染

装修污染的来源很多,其中有相当一部分是由于装修过程中所使用的材料不当造成的,包括甲醛、苯、二甲苯等挥发性有机物气体。因此,在装修过程中应尽量选购有机污染物含量比较少的材料。

(1) 装修污染的主要来源

对于大多数家庭来说,室内污染的主要物质就是甲醛。甲醛是胶黏剂的重要组成部分,凡是涉及胶黏剂的,包括人造板、涂料、地毯、家具都会含有甲醛,如果单项超标必然会引起空气质量的不达标。另外值得注意的是,即使每项产品的甲醛含量都在正常范围之内,如果房间中这些含有甲醛的建材太多,累加起来也会引起空气质量不合格,所以业主在确定装修方案和预算的时候,应该有所把握,尽量不要选择过多的含有胶黏剂的建材。

目前,国家对于有害物质的释放量有严格限制。对于室内装饰装修材料,有 10 项国家标准对其有害物质限量进行规定。而装修方面,家装新版合同已经把室内空气是否合格作为评价装修质量是否合格的一部分,以保证业主的健康利益。

① 木工板

木材来自天然本身无毒,而是在其加工时使用尿醛胶黏结,成为甲醛的污染源;尤其棕纤板、密度板、刨花板胶水含量较大,含有大量甲醛。成品板式家具、橱柜使用木工板较多。建议装修中现场制作家具时采用实木指接板或无毒大芯板,可以大幅减少甲醛释放量。

② 胶水

家庭装修中使用胶水的主要成分为甲醛,使用胶水的地方如墙面乳胶漆基层的腻子胶,粘贴木工板使用的白乳胶,粘贴墙纸中的墙纸胶。$100 \text{ m}^2$ 的居室使用的胶水在 100 kg 以上,国家标准为胶水中甲醛含量为 1 g/kg,那么装修完后居室基本有 100 g 甲醛,按照标准换算前三年可能超标 3 倍以上。胶水的污染才是装修中的最大污染源。建议使用无毒植物胶或零甲醛胶水,或者尽量避免大面积使用化学胶水。

③ 油漆

因为油漆中含有大量刺鼻的苯,所以人们对油漆气味感知最为强烈。家庭装修中油漆只是局部使用,加上油漆的挥发速度比较快,因此其不是最大的污染源,建议使用水性油漆(加水即可稀释,油性油漆加天那水或香蕉水稀释)。

④ 乳胶漆

现在市面上的乳胶漆一般是水性乳胶漆,其在涂刷后一天内可以挥发其中的 90% 以上有害物质,因此通常可以将其环保性能指标忽略不计。

(2) 家庭装修环保小知识

① 选择装修材料,购买家具要慎重。购买装修材料时,一定要向商家索取权威部门出具的检测报告。在购买家具时应与商家签订保证购置的家具不会对室内环境造成污染的合同。选用花岗石、瓷砖等最好在装修前请检测部门进行检测。

② 新装修的房屋不要急于入住,先进行通风 2~3 个月后再入住为宜;已经入住的家庭,要注意保持室内空气的流通。

③ 要求装修公司把装修后的室内空气质量纳入整个装饰工程竣工质量验收当中,并做出在装修完工后请正规的室内环境检测部门进行室内环境检测的承诺。

④ 养一些花草来吸收有害物质,如常春藤和铁树可以吸收苯,万年青和雏菊可以吸收三氯乙烯,吊兰、芦荟、虎尾兰可以吸收甲醛等。

⑤ 装修前应向室内环境专家咨询,以便掌握一些必要的环保家庭装修常识,入住前应该委托室内环境检测部门进行室内空气检测,在确保没有室内空气污染后再入住。

⑥ 室内环境检测单位要选择有室内空气质量检测业务资格,其检测仪器、检测实验室由国家计量监督部门认证的检测单位来进行检测。

(3) 装修污染的解决办法

① 通风法

通过室内空气的流通,可以减少室内空气中有害物质的含量,从而降低此类物质对人体的危害。

优点:效果好,无成本。

缺点:时间长,一般要三年以上甲醛才可以基本去除。

② 植物除味法

一般室内环境受到轻度污染时可采用植物净化。可根据房间的不同功能、面积的大小选择和摆放植物。

优点：安全无副作用。

缺点：有一定效果，但只能起到辅助作用。

③ 竹炭吸附法

竹炭是公认的"吸毒能手"，活性炭口罩、防毒面具都使用了竹炭。竹炭比一般木炭吸附能力强 2～3 倍，价格便宜，是业主家中去除装修污染的常用材料。竹炭对甲醛其实是吸附而不是吸收，由于这种吸附的不牢固性，当吸附达到饱和后，甲醛可能会重新释放出来。可以将竹炭包放置两三天后，拿到阳光下晒一晒，然后再重新使用。

④ 光触媒分解法

目前光触媒应该可以说是有效的去除甲醛产品。光触媒是一种纳米级的环保材料，是当前治理空气污染的理想材料。它涂布于基材表面，在光线的作用下，产生强烈催化降解功能，能有效地降解空气中的有害气体、杀灭多种病菌，并分解为无污染的微量二氧化碳和水，因而具有极强的净化、杀菌、除臭、防霉等功能。但普通光触媒需要在特定波长的光照下才能发挥作用，具有很大的局限性。不过作者了解到日盈环保公司引进了一种在可见光下便能发挥作用的光触媒——银河系光触媒。它利用可视光技术，真正做到长期自动持续消除有害气体，无须紫外线。其次它在黑暗环境下也同样能大功效吸附有害物质，待有可见光（灯光或日光）的情况下再分解有害物质。

⑤ 负离子去除法

实验证明，负离子能有效分解甲醛、苯等有害装修污染物质，反应物是无毒无害的二氧化碳和水。一些机构验证的生态级负离子对甲醛的分解率达到 73.33％以上，长期使用去除率可达 99％以上。特地负离子瓷砖和加利弗负离子软墙口碑较好。

⑥ 玛雅蓝

玛雅蓝是以凹凸棒土及海泡石为基础，加入硅藻土、电气石等其他天然矿物质，经过特殊加工工艺制作而成，其内部孔隙的孔径在 $0.27\sim0.98\ \mu m$ 之间，呈晶体排列。同时其具有弱电性，甲醛、氨、苯、甲苯、二甲苯的分子直径都在 $0.4\sim0.62\ \mu m$ 之间，且都是极性分子，具有优先吸附甲醛、苯、TVOC 等有害气体的特点，达到净化室内空气的效果。

优点：纯天然纳米材料，无二次污染，效果好。

缺点：价格比活性炭高。

装修除甲醛是一个世界难题，没有任何一种产品可以做到完全去除甲醛等有害气体。装修时首先在选择材质时要注意尽量少选用复合板、密度板等甲醛含量高的材质；其次，装修后一定要保持室内通风，最好是通风几个月再入住。

再配合使用玛雅蓝一类的吸附剂,同时可养一些绿色植物,基本上就可以达到入住标准。

(4)材料选择

① 在材料选择上,住宅装饰装修应采用 A 类天然石材,不得采用 C 类天然石材,应采用 E1 级人造木板,不得采用 E3 级人造木板。

② 内墙涂料严禁使用聚乙烯醇水玻璃内墙涂料(106 内墙涂料)、聚乙烯醇缩甲醛内墙涂料(107、803 内墙涂料)。

③ 粘贴壁纸严禁使用聚乙烯醇缩甲醛胶黏剂(107 胶)。

④ 木地板及其他木质材料严禁采用沥青类防腐、防潮处理剂处理,阻燃剂不得含有可挥发氨气成分。

⑤ 粘贴塑料地板时,不宜采用溶剂型胶黏剂。脲醛泡沫塑料不宜作为保温、隔热、吸声材料。

# 第九章　装修纠纷与投诉

### 87. 装修投诉概述

家庭装潢或者家庭装修工程一旦出现纠纷,消费者往往想到投诉。但有些时候,投诉却不会被受理,比如徐州市装饰装修行业协会就明确规定有下列情况的不受理投诉:

(1) 消费者与家装企业中的员工私下交易而引起装饰纠纷的;

(2) 提供不出被投诉方的名称、地址的;

(3) 提供不出家装工程合同文本和施工企业开具的统一发票以及权益被侵害的证明证据的;

(4) 家装工程的价格,当事人已在合同中约定,而又对合同价格提出异议进行投诉的;

(5) 超过家装工程约定的保修期,被诉人不再承担违约责任的;

(6) 投诉人因自身不遵守适用规定导致家装工程出现问题的;

(7) 已达成协议,没有新情况、新理由的;

(8) 委托他人投诉,没有出具委托授权书的;

(9) 对存在的争议无法实施质量检验、鉴定的;

(10) 法院、仲裁机构、有关行政机关或消费者协会已受理或处理的;

(11) 不符合家装工程有关国家法律、法规和规章规定的。

从这些规定可以看出,消费者在选择施工队伍、签订装修合同和装修过程中都可能因疏忽或自我保护意识淡薄而导致自己将来无法顺利投诉,难以维护自己的权益。

### 88. 装修纠纷与投诉常识

家庭装饰装修工程常因质量问题等原因发生纠纷,消费者(甲方)和施工方或材料供应商(乙方)各执一词,互不相让,出现这种情况应平心静气地找原因。产生纠纷的原因大致有两点:

(1) 甲方往往是为了装饰装修住宅才去接触有关装饰装修的常识,而部分消费者缺乏对装饰装修材料的了解,材料选择不当,造成施工完毕后的遗憾。同时签订合同也不够完善,增减项目补充合同阐述不明,导致事后出现纠纷。

（2）乙方则因测算工程造价出现偏差而出现问题,更有甚者在工程中以次充好、粗制滥造、收费不合理、延误工期等,也是产生纠纷的导火线。

当甲乙双方产生矛盾后,要根据合同文本共同分析矛盾产生的原因,友好地协商解决。如乙方处理不当或拒绝处理,甲方可向行业协会或有关管理部门反映,请他们出面与乙方进行交涉,给予解决;倘若还不能解决,那么甲方可继续向工商仲裁部门或法院投诉。

消费者交涉投诉要注意以下两点:

（1）必须在行业协会派员或监理人员协助下以事实为根据与施工方或材料供应商进行协商解决。确为价格偏差者则应合理退赔,如属工程质量问题,施工方应无条件返修。如为材质问题,材料供应商应按有关规定给予换货或经济赔偿。

（2）消费者投诉要做好取证工作,即握有交涉投诉的证据——合同文本、有关材质的物证、维持工程施工的现场等。

消费者申诉应当符合下列条件:

（1）有明确的被诉方;

（2）有具体的申诉请求、事实和理由;

（3）属于工商行政管理机关管辖范围。

消费者申诉应当采用书面形式,一式两份,并载明下列事项:

（1）消费者的姓名、住址、电话号码、邮政编码;

（2）被申诉人的名称、地址;

（3）申诉的要求、理由及相关的事实根据;

（4）申诉的日期。

申诉案件的管辖:消费者申诉案件,由经营者所在地工商行政管理机关管辖。县、市工商行政管理机关管辖本辖区内发生的消费者申诉案件,工商行政管理机关的派出机构管辖其上级机关授权范围内的消费者申诉案件。